本书获河北省省级科技计划软科学研究专项项目“基于产业链和创新链协同融合的河北省应急产业高质量发展研究”（22557616D）和河北省哲学社会科学工作办公室重点培育智库课题（HB21ZK17）的资助，获河北省教育厅人文社会科学重点研究基地河北科技大学应急管理研究中心、河北省科协智库科技创新与区域发展研究基地的支持。

安全应急产业高质量发展研究

张冬丽 等◎著

中国社会科学出版社

图书在版编目（CIP）数据

安全应急产业高质量发展研究/张冬丽等著．—北京：中国社会科学出版社，2023．12
ISBN 978-7-5227-1771-5

Ⅰ．①安… Ⅱ．①张… Ⅲ．①安全生产—产业发展—研究—中国 Ⅳ．①X93

中国国家版本馆 CIP 数据核字（2023）第 241138 号

出 版 人 赵剑英
责任编辑 谢欣露
责任校对 周晓东
责任印制 王 超

出 版 中国社会科学出版社
社 址 北京鼓楼西大街甲 158 号
邮 编 100720
网 址 http://www.csspw.cn
发 行 部 010-84083685
门 市 部 010-84029450
经 销 新华书店及其他书店

印刷装订 三河市华骏印务包装有限公司
版 次 2023 年 12 月第 1 版
印 次 2023 年 12 月第 1 次印刷

开 本 710×1000 1/16
印 张 13.5
字 数 202 千字
定 价 69.00 元

前　言

本书在把握当前安全应急产业发展现状和存在问题之上，通过三大篇章的系统论述，多维度全方位展示安全应急产业从基础理论到实务应用的研究过程。

在背景基础篇中，在当前国内外安全应急产业发展的复杂性和紧迫性下，本书深入分析了其研究背景，明确指出了发展安全应急产业的重大意义。从国内外安全应急产业内涵及研究现状出发，根据新发展阶段高质量发展要求，准确界定了安全应急产业高质量发展的概念，全面综述了相关领域的研究进展，为读者深入理解安全应急产业提供了坚实的基础。

在理论创新篇中，首先，采用扎根理论对安全应急产业的发展影响因素进行识别和分析，对安全应急产业发展影响因素相互作用关系进行了梳理，选取重要影响因素建立安全应急产业高质量发展评价指数体系，并运用熵值模糊综合评价方法建立了安全应急产业高质量发展指数测算模型。其次，借助演化博弈方法，构建了影响应急产业和政府部门决策行为的博弈模型，从政府定量研究的角度探讨了政府政策对于安全应急产业高质量发展的影响。最后，结合识别的影响因素构建安全应急产业高质量发展路径，并为区域选择安全应急产业发展路径构建评价匹配模型。

在实务对策篇中，通过实地调研、深度访谈、典型企业数据调查等方式对河北省安全应急产业发展的现状、问题进行了深入分析，从发展环境、政策支持和创新能力提升等角度对河北省安全应急产业进行了全方位梳理，并采用安全应急产业高质量发展评价指数体系和测算模型对河北省安全应急产业进行了实际测算，在此基础上构建了河北省安全应急产业高质量发展路径，并从制度、环境、要素、平台等几个方面提出有针对性的产业发展对策和建议，以期推动河北省安全应急产业实现高质量发展。

当我们谈论安全时，不仅仅是在讨论一个保护措施或者预防事故的技术问题，实际上是在关注一个广泛且复杂的产业体系——安全应急产业。在现代社会的快速发展中，安全应急产业作为一种涉及人民生命财产安全和社会稳定的重要产业，涵盖了从预防、准备、响应到恢复各个环节的全过程，日益受到了全社会的广泛关注。它的发展水平直接关系到人民生命财产的安全，关系到社会的稳定与和谐。本书正是在这样一个重要时刻应运而生的，旨在通过对安全应急产业进行深入剖析，为推动安全应急产业的高质量发展提供理论支持和实务指导。相信本书不仅能够为广大学者和研究者提供学术资源，也能够为相关政府部门和企业决策提供可资参考的依据。愿读者在阅读本书的过程中，既能够获得关于安全应急产业的系统知识，还可以深刻感受到笔者对于推动安全应急产业高质量发展的高度责任感。

本书由张冬丽牵头，由张冬丽、周磊、杨彦波、尤欣赏、吴楠、张玉苗、王亚坤共同完成，书稿完成后，由张冬丽统一修改和定稿。研究生赵烁、李晓敏、李慧敏、刘海娟、李叶、齐悦、郭梦娇、时佳欣等参与了部分数据和资料的收集、整理与书稿的校对工作，王余丁教授、赵兴锋博士为本书提供了指导和建议，在此，一并致以诚挚的谢意！

目　　录

第一篇　背景基础篇

第二篇　理论创新篇

第三篇　实务对策篇

第一篇

背景基础篇

背景基础篇从国内外安全应急产业内涵及研究现状出发，根据新发展阶段高质量发展要求，对安全应急产业高质量发展的概念进行了界定，并围绕产业高质量发展的相关研究进行了综述。

第一章 绪论

20世纪80年代以来，世界各地事故灾害频发，给人类带来巨大的灾难，也给世界经济造成惨重损失。为防范和化解灾难风险，美、日、欧等发达国家和地区不断构建和完善应急管理体系，带动安全应急装备、产品和服务需求增长，安全应急产业应运而生。当前，全球安全应急产业需求巨大，2011年安全应急产业市场规模约为0.53万亿美元，2018年增长至0.92万亿美元。根据已有数据推测，2025年安全应急产业市场规模将达到1.5万亿美元。[①] 其中，全球消防安全设备市场规模稳步增长，2020年市场规模为434.876亿美元，预计从2022年到2028年将以6.6%的复合年增长率扩张。

党的十八大以来，以习近平同志为核心的党中央对应急管理工作高度重视，全面部署推进新时代应急管理工作，积极推进应急管理体系和能力现代化建设，我国应急管理产业迈入新的历史阶段。党的十九大报告提出“坚持总体国家安全观。统筹发展和安全，增强忧患意识，做到居安思危，是我们党治国理政的一个重大原则”，并明确要求“树立安全发展理念，弘扬生命至上、安全第一的思想，健全公共安全体系，完善安全生产责任制，坚决遏制重特大安全事故，提升防灾减灾救灾能力”。党的十九届五中全会作出“统筹发展和安全，建设更高水平的平安中国”的战略部署。我国已进入统筹推进经济发展与安全发展的新发展阶段。推进安全应急产业发展成为新发展阶段创造良好经济社会环境、谋篇布局经济发展新思路的重要举措。与发达国家相比，我国安全应急产业发展相对来说起步较晚，从

① 杨彬：《应急产业研究》，中国工人出版社2020年版。

《“十一五”期间国家突发公共事件应急体系建设规划》首次提出“应急产业”这一概念，到《“十四五”国家应急体系规划》明确要求“壮大安全应急产业”，我国安全应急产业发展体系的步伐在不断地加快。

SARS疫情以来，在政府的推动下我国安全应急产业得到快速发展，初步形成规模，2020年我国安全应急产业规模达到1.5万亿元，安全应急产品生产企业超过5000家。近年来我国事故多发频发，激发了安全应急装备的大量需求，同时5G、人工智能、大数据云计算等新一代信息技术的应用，催生了更为智能、先进的安全应急产品新需求，金永花[①]认为未来我国安全应急产业或将迎来广阔的“蓝海”市场。我国已具备构建安全应急产业体系的充分条件，须结合我国国情，借鉴国内外经验，确立适合我国特点的安全应急产业体系构建框架和路径。

近年来，伴随居民安全应急消费需求的提升和传统产业安全技术装备改造升级，我国安全应急产业迎来了发展机遇，产业发展取得了一定成就，但仍处于初步发展阶段，相对于国外安全应急产业发展仍存在较大差距与较多问题。一是产业结构优化进展缓慢，新旧动能衔接不畅，仍以中小企业为主，许多产品的科技含量和附加值仍偏低，新兴领军企业及龙头企业不多，影响产业结构优化升级。二是要素供给结构性问题突出，高端要素短板明显。刘奕等[②]认为我国对跨领域、多灾种、全流程的风险分析与评估系统研发不足，面向大规模灾害的计算分析工具欠缺，部分国产装备核心零部件性能与国外差距较大，产业化推进难度大。三是要素整合与配置机制不完善，内生动力激发不足，政策制度还不完善，市场建设不足，人才培养及学科建设较为滞后，且尚未建立起安全应急产业发展的竞争机制。四是供需之间缺

① 金永花：《我国安全应急产业的现状、前景、问题与对策》，《中国应急管理科学》2021年第12期。

② 刘奕等：《面向2035年的灾害事故智慧应急科技发展战略研究》，《中国工程科学》2021年第4期。

乏统筹协调，协同共生机制不完善。盛朝迅等[①]认为未形成有效供给，在供需协调、统筹发展的路径和模式上创新探索不够，导致资源和要素配置无法向更高水平提升。因此，要从国内外推进安全应急产业发展举措和成效分析中，进一步厘清我国产业发展思路和方向，针对我国当前存在的问题提出切实管用的政策举措。

推进应急管理工作和安全应急产业的高质量发展密切相关，发展安全应急产业对于防范化解重大安全风险、提升防灾减灾救灾能力、推动经济高质量发展、培育新的经济增长点具有重要意义。河北省高度重视安全应急产业建设，省“十四五”规划将安全应急产业作为高潜力未来产业，提出要加速产业集聚、产能扩张、产品创新，提升安全应急产业综合实力，并专门出台《河北省安全应急产业发展规划（2020—2025）》，以提升安全应急产业整体水平和核心竞争力。

本书主要由背景基础篇、理论创新篇以及实务对策篇共三大篇章构成。

第一篇是背景基础篇。首先，分析概述了当前安全应急产业的研究背景并指出发展安全应急产业的重要性。其次，本书在系统地梳理了国内外安全应急产业内涵及分析当前研究现状的基础上，根据当前高质量发展的要求，界定了安全应急产业高质量发展的概念，并围绕产业高质量发展的相关研究进行了综述。

第二篇是理论创新篇。首先，采用扎根理论对安全应急产业的发展影响因素进行识别和分析，选取重要影响因素建立河北省安全应急产业评价指数，并运用熵值模糊综合评价方法综合衡量河北省安全应急产业高质量发展竞争力。其次，研究产业链和创新链融合的内容、模式和机制，并在此基础上提出安全应急产业高质量发展能力提升路径，以实现创新驱动引领产业内涵式增长的目标。最后，一方面从定性角度对安全应急产业政策进行分析；另一方面借助演化博弈方法，从定量的角度分析政府政策对安全应急产业相关企业发展的影响。

---

① 盛朝迅等：《构建完善的现代海洋产业体系的思路和对策研究》，《经济纵横》2021年第4期。

第三篇是实务对策篇。本篇通过实地调研、深度访谈、典型企业数据调查等方式对河北省安全应急产业发展的现状、问题进行了深入分析，从发展环境、政策支持和创新能力提升等角度提出河北省安全应急产业的发展路径，并从制度、环境、要素、平台等几个方面提出有针对性的产业发展对策和建议，推动河北省安全应急产业实现高质量发展。

第二章　安全应急产业高质量发展概述

我国“安全应急产业”的提出经历了一段较长的时间。2006年，政府文件中第一次提出“应急产业”的概念。2010年，政府首次提出了“安全产业”的概念，在实践中安全产业和应急产业逐渐融合，有了“安全应急产业”的概念。安全应急产业涉及各个领域，但在我国安全应急产业主要包括公共安全产业、紧急救援产业、应急通信、综合保障四个领域。本章阐述了我国安全应急产业的发展历程，对安全应急产业高质量发展的内涵进行了概念的界定，运用文献综述的研究方法对我国安全应急产业高质量发展现状等进行了研究分析，并结合相关理论提出安全应急产业高质量发展的理论基础。

第一节　安全应急产业的产生与发展

一　安全应急产业发展阶段分析

新中国成立以来，我国应急管理工作的范围不断扩大，从自然灾害为主逐渐扩大到自然灾害、公共卫生事件、事故灾难、社会安全事件等方面，应急管理系统从独立部门应对单一灾害逐步发展到综合部门协调的应急管理，其发展历程大致可分为四个阶段。

（一）新中国成立之初到改革开放之前的单项应对模式

在“一元化”领导体制下，建立了国家地震局、水利部、林业部、中国气象局、国家海洋局等专业性防灾减灾机构，一些机构又设置若干二级机构以及成立了一些救援队伍，形成了各部门独立负责、各自管辖的灾害预防和抢险救灾的分散管理、单项应对模式。该时期我国政府对洪水、地震等自然灾害的预防与应对尤为重视，但相关组织机构职能与权限划分不清晰，在应对突发事件时，实行党政双重领导，应急响应过程往往是自上而下传递计划指令、被动式应对突发事件。

（二）改革开放到2003年的分散协调、临时响应模式

在这个时期，政府应急力量分散，表现为“单灾种”的应急多，“综合性”的应急少，处置各类突发事件的部门多，且大多“各自为政”的特征。为了提高政府应对各种灾害和危机的能力，中国政府于1989年4月成立了中国国际减灾十年委员会，后于2000年10月该委员会更名为中国国际减灾委员会。1999年，建立了一个统一的社会应急联动中心，将公安、交警、消防、急救、防洪、护林防火、防震、人民防空等政府部门纳入统一的指挥调度系统。2002年5月，广西南宁市社会应急联动系统正式建立，标志着“应急资源整合”的思想落地。在此阶段，当重特大事件发生时，通常成立一个临时性协调机构以开展应急管理工作，但在跨部门协调时工作量很大，效果不好。这种分散协调、临时响应的应急管理模式一直延续到2003年。

（三）2003年至2018年年初的综合协调应急管理模式

2003年春，我国经历了一场由“SARS”疫情引发的公共卫生突发事件。应急管理工作开始得到政府和公众的高度重视，全面加强应急管理工作起步。2005年4月，中国国际减灾委员会更名为国家减灾委员会，标志着我国探索建立综合性应急管理体制。2006年4月，国务院办公厅设置国务院应急管理办公室（国务院总值班室），履行值守应急、信息汇总和综合协调职能，发挥运转枢纽作用。这是我国应急管理体制的重要转折点，是综合性应急管理体制形成的重要标志。同时，处理信访突出问题及群体性事件联席会议等统筹协调机制不断加强，国家防汛抗旱总指挥部、国家森林防火指挥部、国务院抗震救灾指挥部、国家减灾委员会、国务院安全生产委员会、国务院食品安全委员会等议事协调机构的职能不断完善，专项和地方应急管理机构得到充实。国务院有关部门和县级以上人民政府普遍成立了应急管理

领导机构和办事机构，防汛抗旱、抗震救灾、森林防火、安全生产、公共卫生、公安、反恐怖、海上搜救和核事故应急等专项应急指挥进一步得到完善，解放军和武警部队应急管理的组织体系得到加强，形成了“国家建立统一领导、综合协调、分类管理、分级负责、属地管理为主的应急管理体制”的格局。这种综合协调应急管理模式应用于汶川特大地震、玉树地震、舟曲特大山洪泥石流、王家岭矿难、雅安地震等一系列重特大突发事件，但也暴露出应急主体错位、关系不顺、机制不畅等一系列结构性缺陷，而这需要通过顶层设计和模式重构完善新形势下的应急管理体系。

（四）自2018年年初以来的综合应急管理模式

2018年4月，我国成立应急管理部，将分散在国家安全生产监督管理总局、国务院办公厅、公安部（消防）、民政部、国土资源部、水利部、农业部、林业局、地震局以及防汛抗旱指挥部、国家减灾委员会、抗震救灾指挥部、森林防火指挥部等的应急管理相关职能进行整合，以防范化解重特大安全风险，健全公共安全体系，整合优化应急力量和资源，打造统一指挥、专常兼备、反应灵敏、上下联动、平战结合的中国特色应急管理体制。

纵观我国应急管理工作发展历程，从单项应对发展到综合协调，再发展到综合应急管理模式，我国应急管理工作理念发生了重大变革，从被动应对到主动应对，从专项应对到综合应对，从应急救援到风险管理。当前我国应急管理工作更加注重风险管理，坚持预防为主；更加注重综合减灾，统筹应急资源。现代社会风险无处不在，应急管理工作成为我国公共安全领域国家治理体系和治理能力的重要构成部分，我国明确了应急管理由应急处置向以防灾减灾和应急准备为核心的重大转变。这个变革将有利于进一步推动安全风险的源头治理，从根本上保障人民群众的生命财产安全。

二　安全应急产业政策发展分析

“十一五”规划时期，我国的应急产业开始受到关注，我国发布了相关的政策，强调要提高国家的应急处理能力，保障公共安全。“十二五”规划时期，我国首次对应急领域各层面进行了细节上的规划描述，提出强化基层应急管理能力以及建立应急物资储备体系和加强应急队伍体系等。“十三五”规划时期，提出“风险管控体系”的概念，奠定了我国安全应急产业以风险防控为主的基本发展方针。“十四五”规划时期，首次将应急产业基地规划纳入安全保障工程中，并首次明确提出了安全应急产业建设量化指标。这在很大程度上说明，我国安全应急产业越来越受到国家重视，安全应急产业或将在“十四五”时期迎来蓬勃发展。我国安全应急产业政策发展历程如图2-1所示。

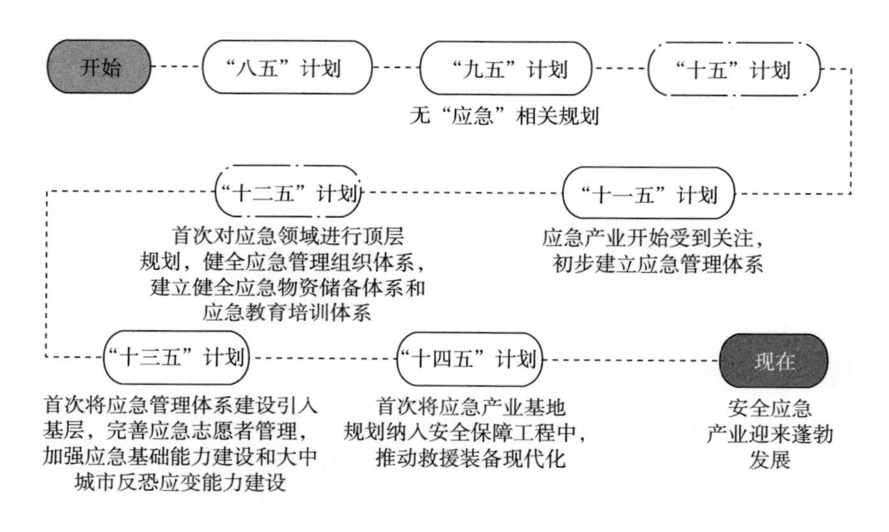

图2-1 我国安全应急产业政策发展历程

（一）我国安全应急产业政策发展历程

1. 安全应急产业政策发展初期阶段（2003—2006年）

2003年“SARS”疫情，不仅暴露出我国安全应急管理工作中存在的不足之处，更给国民生活和国家安全造成了较大的损失。由此，我国着手建立安全应急管理体系，建立突发事件应急预案和相应的配套政策。此阶段安全应急产业政策分析如表2-1所示。

表 2-1　　初期阶段安全应急产业政策分析

发布时间	政策名称	重点内容解读
2003 年	《突发公共卫生事件应急条例》	突发事件应急工作，应当遵循预防为主、常备不懈的方针，贯彻统一领导、分级负责、反应及时、措施果断、依靠科学、加强合作的原则。提出建立突发事件应急流行病学调查、传染源隔离、医疗救护、现场处置、监督检查、监测检验、卫生防护等有关物资、设备、设施、技术与人才资源储备
2004 年	《国务院有关部门和单位制定和修订突发公共事件应急预案框架指南》	专门列出了应急支援与装备保障、技术储备与保障，不仅要有物质保障，还要有技术研发
2005 年	《国家突发公共事件总体应急预案》	提出要依靠科技支撑，加大对公共安全监测、预测、预警、应急处置技术的研发，不断改进技术装备，要积极发挥企业的研发作用
2006 年	《国家通信保障应急预案》	进一步明确了重要通信保障或通信恢复工作的回应程序流程、机构指挥体系、岗位职责及相关措施，便于及时有效地执行应急救援，最大限度地减少损害，保护人民人身安全
2006 年	《国务院关于全面加强应急管理工作的意见》	指出建立国家、地区和组织部门的应急资源储备管理体系，更为关键的是要充分调动社会发展各个方面在物资生产与储备上的主动性
2006 年	《“十一五”期间国家突发公共事件应急体系建设规划》	首次提出“应急产业”这一概念，强调要提高国家的应急处理能力，保障公共安全

从此阶段的政策内容来看，安全应急产业政策还处于萌芽期，散见于应急管理政策中。安全应急产业定义还不太明确，应急管理还处于被动解决阶段，是典型的“一事一议”方式，在发生紧急事件后颁布有关的应急政策，如《突发公共卫生事件应急预案》。这一阶段的政策，主要是对洪涝灾害和公共卫生服务等方面的应急预测技术和应急救援装备等发展给出了建议，体现了较强的专业能力，但欠缺从安全应急产业视角开展宏观统筹协调和各行业协同合作。

2006 年，国务院办公厅印发《“十一五”期间国家突发公共事件应急体系建设规划》，首次提出“应急产业”这一概念，其中提出“充分发挥市场机制作用，完善应急科技成果转化机制，推动有关企业和研究机构应急装备研发工作，促进应急产业发展”。2006 年是国家把“计划”变成“规划”的一年。除组织编制和实施《“十一五”期间国家突发公共事件应急体系建设规划》之外，各部门和各地区围绕着公共安全和应急管理工作，编制了各种相应的规划。国家整体规划体系不断改进和完善，国家发展和改革委员会把应急能力建设与国民经济和社会发展的整体规划相结合，并纳入“十一五”规划通盘考虑，促进专项应急预案与国民经济和社会发展“十一五”规划的衔接。在编制“十一五”规划中，从国民经济宏观管理上考虑应对突发公共事件的风险并做好相应的财政预算。在专项规划中，国家发展和改革委员会还牵头制定了国民经济应急管理规划、综合防灾减灾与应急处理规划等；城市建设部门修编了《城市规划编制办法》，强调把“公共安全和公众利益等方面的内容确定为城市总体规划必须严格执行的强制性内容”。一些城市和县（区）开始进行城市公共安全规划编制的示范工作，把城市公共安全与综合防灾、应急管理相结合起来。《中华人民共和国应对突发事件法（草案）》（第十六条）也强调各级政府要重视有关公共安全方面的城乡规划。

与此同时，国家公共安全重大专项课题和国家突发公共事件应急平台及其创新体系建设规划出台并开始落实。在国家中长期科学技术发展规划中，把公共安全作为未来 15 年国家重点支持的 16 个重大专项之一，强调在公共安全领域不仅是自然灾害、生产安全、食品安全、社会安全、核安全、国境检验检疫等传统安全，而且针对经济安全、信息安全、生物安全、防恐反恐等非传统安全问题，国家必须建立更加完备的公共安全保障体系，推动公共安全的预测、预防、预警和应急管理的创新，形成比较完整的国家公共安全科学和技术支撑体系。由国务院应急办负责的国家突发公共事件应急平台及其创新体系建设规划，开始进入了紧张的研究阶段。此外，公共安全、危机管理、应急管理等研究机构和规划设计咨询机构相继成立。

2. 安全应急产业政策中期阶段（2007—2014 年）

随着我国经济的快速发展及社会改革的深入推进，各种突发事件呈现频发趋势，相较于上一个阶段，突发事件影响范围更广泛，这对我国安全应急能力提出了严峻的挑战。因此，必须加大对安全应急产品的研发和生产，从而保障国家安全和人民健康生活。从国家政策角度来看，政府越来越重视应急产业的发展，安全应急产业制度及政策体系更加完善。中期阶段安全应急产业政策分析如表 2-2 所示。

表 2-2　　中期阶段安全应急产业政策分析

发布时间	政策名称	重点内容解读
2007 年	《中华人民共和国突发事件应对法》	该法是我国积极预防、及时有效处置和尽量减少各种突发事件发生、重建等方面的重要立法
2009 年	《关于加强工业应急管理的指导意见》	指出加强工业应急体系建设，增强工业产品应急保障能力，提升应对突发事件综合水平，加强工业应急投入及管理人才队伍建设
2011 年	《产业结构调整指导目录（2011 年修正本）》	首次将公共安全与应急产品纳入鼓励发展类中
2011 年	《安全生产应急管理“十二五”规划》	明确了主要工作任务和重点工程，其中主要任务从制约应急管理工作发展的难点、深化“十一五”取得成果、拓展开展应急管理工作的措施和抓手三个方面出发，重点工程从救援队伍建设、应急管理保障能力建设出发
2014 年	《国家应急通信一类保障队伍监督管理办法》	各省市要借助通信运营商建立国家应急通信保障队伍。国家一级应急通信保障队伍要做好各方面的年度考核与评定，以保证队伍的建设与保障能力可以满足国家的规定
2014 年	《关于加快应急产业发展的意见》	支持应急产业创新研发，促进成果转化；引导社会资源投向应急产业，鼓励应急产业聚集性发展；不断优化应急产业发展环境

2007 年，《中华人民共和国突发事件应对法》在突发事件的预防与应急准备、监测与预警、应急处置与救援、事后恢复与重建等方面进行了明确的规定。该法在应对突发事件方面坚持预防为主、预防与应急相结合的工作原则，切实保证社会及人民生命财产安全。该法的颁布，进一步提升了社会各方面应对突发事件的能力，及时有效地控制、减轻和消除了突发事件引起的严重社会危害，保护人民生命财产安全，维护了国家安全及社会稳定。

2009 年，主要为提升工业行业应对突发事件的能力而提出的

《关于加强工业应急管理的指导意见》强调，要加强工业应急体系建设，完善工业应急管理预案、预防、培训及立法体系，从而提升工业应急整体水平。该意见的提出，为工业领域和企业应急预案体系的建立奠定了良好的基础，提升了工业产品应急保障能力，提升了防范和应对工业突发事件的水平，为安全应急产业规模的不断壮大提供了动力。

2011 年发布的《安全生产应急管理“十二五”规划》是安全生产应急管理领域第一个正式的五年规划。明确了“十二五”时期我国安全生产应急管理工作的指导思想、基本原则、9 项主要任务及 3 项重点工程。“十二五”时期，我国应急救援体系建设取得重大进展，防范和应对突发事件整体能力得到明显提升。成立了国家预警信息发布中心和国家应急广播中心，实施自然灾害防灾减灾工程、隐患排查治理工程，建立了网络舆情和各类突发事件监测预警体系，突发事件防范能力明显增强。与上一个五年相比，“十二五”时期全国自然灾害造成的因灾死亡失踪人数和直接经济损失分别下降 92.6% 和 21.8%，生产安全事故起数和死亡人数分别下降 30.9% 和 25%，公共卫生事件起数和报告病例分别下降 48.5% 和 68.1%。①

2014 年，国务院出台《关于加快应急产业发展的意见》，这是首份专门针对应急产业发展的指导意见，也是近年来我国支持应急产业发展的纲领性文件。该意见为我国安全应急产业的发展创造了政策环境，通过政策扶持吸引更多资源进入安全应急产业领域，标志着我国安全应急产业进入快速健康发展阶段。

这一阶段，党和国家比较重视安全应急产业发展，注重创建国家安全管理机制，提高国家应急能力。安全应急产业政策由单一型向综合型发展变化，并不断促进安全应急产品与服务协同发展；与此同时，安全应急产业由被动应急向主动应急转变，安全应急产业发展态势良好。在国家现行法律法规及政策的推动下，安全应急产业制度不

① 《国家突发事件应急体系建设“十三五”规划》，中华人民共和国中央人民政府国务院公报，2017 年第 22 号，https：//www.gov.cn/gongbao/content/2017/content-5216428.htm.

断完善，市场环境不断优化，逐渐形成了一定的产业规模及产业效益。但安全应急产业发展还存在一定问题，如安全应急产业管理体系不完善，安全应急产品和服务销售市场不够成熟，政策扶持落实不到位等一系列问题，其制约了安全应急产业的进一步发展。因此，国家需在目前产业发展的基础上，制定更全面且可行的安全应急产业政策。

3. 安全应急产业政策高速发展阶段（2015 年至今）

这一阶段，我国安全应急产业发展迅速，创新能力和科技水平不断提升。国家“十三五”规划明确提出，增强对危险化学品的处置能力、水上救援水平、核事故应急预警及处置能力、紧急医疗救援能力等。“十四五”规划中，要求提升公共卫生应急保障能力、防洪防灾能力以及数字信息化技术在公共卫生、自然灾害、事故灾难、社会安全等领域的应用水平，全面提升预警和应急处置能力。这些都清晰地体现出我国对安全应急产业体系建设的重视，以及安全应急产业在我国经济发展的重要地位。高速发展阶段安全应急产业政策分析如表 2-3 所示。党的二十大报告指出，我国要提高防灾减灾救灾和急难险重突发公共事件处置保障能力，加强国家区域应急力量建设。

表 2-3　　高速发展阶段安全应急产业政策分析

发布时间	政策名称	重点内容解读
2015 年	《应急产业重点产品和服务指导目录(2015 年)》	明确了之后一段时间国家重点鼓励发展的应急产品和服务内容
2015 年	《国家应急产业示范基地管理办法（试行）》	提到示范基地是为满足国家公共安全和处置突发事件需要而建立的，以推动应急产业汇聚发展趋势为目标，对应急项目研发、应急产品生产和应急服务发展具有示范、支撑和带动作用
2017 年	《应急产业培育与发展行动计划(2017—2019 年)》	确立了十三类标志性应急产品和服务，进一步细化和完善了应急产业支持政策
2017 年	《国家突发事件应急体系建设“十三五”规划》	加强应急管理基础能力建设、核心应急救援能力建设、综合应急保障能力建设、社会协同应对能力建设，进一步完善应急管理体系，依托现有资源，着重强化综合应急能力和社会协同应急能力

续表

发布时间	政策名称	重点内容解读
2019 年	《应急管理标准化工作管理办法》	涉及应急管理国家标准和行业标准制修订，以及应急标准贯彻实施与监督管理工作等内容
2021 年	《应急管理部重点实验室管理办法（试行）》	进一步明确了重点实验室建立运行和监管机制，为优化整合各类优势科技资源，提升应急管理支撑能力提供了制度保障
2022 年	《“十四五”国家应急体系规划》	对我国“十四五”时期安全生产、防灾减灾救灾等工作进行全面部署

这一阶段国家将重心放到应急管理的改革上，推动应急管理体系的建立健全，同时将应急管理体系向信息化、现代化方面发展，注重基层的应急管理能力的提升。

2017 年《国家突发事件应急体系建设“十三五”规划》的出台，使我国安全应急产业发展支持政策得到进一步细化，在政策的不断规范和支持下，安全应急产业获得了高速稳定的发展。安全应急管理体系不断健全，组建了应急管理部，优化了应急工作资源配置，建立了风险预防、研判、处置机制，推动制修订了一批应急管理法律法规和应急预案等；应急救援效能获得了显著提升；安全生产水平不断提高，2020 年全国各类事故、较大事故和重特大事故起数比 2015 年分别下降 43.3%、36.1%和 57.9%，死亡人数分别下降 38.8%、37.3%和 65.9%[①]；防灾减灾能力明显增强，与上一个五年相比，“十三五”时期全国自然灾害因灾死亡失踪人数、倒塌房屋数量和直接经济损失占国内生产总值比重分别下降 37.6%、70.8%和 38.9%。[①]

2022 年《“十四五”国家应急体系规划》提出，到 2035 年，在健全国家安全体系方面，建立与基本实现现代化相适应的中国特色大国应急体系，全面实现依法应急、科学应急、智慧应急，形成共建共治共享的应急管理新格局。《“十四五”国家应急体系规划》提出制修订一系列的法律法规，推动构建具有中国特色的应急管理法规体

① 《“十四五”国家应急体系规划》，中国政府网，2021 年 12 月 30 日，https://www.gov.cn/zhengce/zhengceku/2022-02/14/content5673424.htm.

系。这些立法工作围绕着一个核心任务，就是为应急管理体制深化改革提供支撑和保障。“十四五”时期，将深入推进信息技术与应急管理业务的有效融合、深度应用，形成规模，以信息化推进应急管理能力现代化。经过“十四五”时期的努力，如果规划目标如期达到，我国应急管理领域的法治水平将大幅度提升，为全面建成中国特色大国应急管理体系提供有力保障。

党的二十大报告提出，要提高公共安全治理水平。坚持安全第一、预防为主，建立大安全大应急架构，健全公共安全体系，不断完善应急管理体系，促进公共安全治理模式向事前预防转型发展。推进安全生产风险专项整治，加强重点行业、重点领域的安全监督管理。提高防灾减灾救灾和重大突发公共事件处置保障能力，加强国家区域应急力量建设。

第二节　安全应急产业高质量发展的内涵

一　安全应急产业内涵

（一）应急产业概念

1. 应急产业

2006 年 12 月 31 日，国务院办公厅印发《“十一五”期间国家突发公共事件应急体系建设规划》，提出“充分发挥市场机制作用，完善应急科技成果转化机制，推动有关企业和研究机构应急装备研发工作，促进应急产业发展”。在政府文件中，我国第一次提出“应急产业”的概念。2014 年，《国务院办公厅关于加快应急产业发展的意见》（国办发〔2014〕63 号）对应急产业进行了界定：应急产业是为突发事件预防与应急准备、监测与预警、处置与救援提供专用产品和服务的产业。简单地讲，就是以应用于突发事件处置为主线，把分散在相关行业的产品和服务归集起来进行规划部署。

2. 安全产业

2010 年 7 月 19 日，国务院发布《国务院关于进一步加强企业安全生产工作的通知》，首次在政府文件中提出了“安全产业”的概念。2012年，工业和信息化部与国家安全生产监督管理总局联合印发《关于促进安全产业发展的指导意见》，首次明确了安全产业的定义，安全产业是指“为安全生产、防灾减灾、应急救援等安全保障活动提供专用技术、产品和服务的产业”。

3. 安全应急产业

安全应急产业即安全产业、应急产业的融合，是为自然灾害、事故灾难、突发公共卫生事件、突发公共安全事件等突发公共事件提供安全防护、监测预警、应急救援处置、安全应急服务等专用产品和服务的产业。

（二）安全应急产业的特征

安全应急产业由于其特殊的应用场景，具有特定性质。

一是具有社会公共性。以满足社会公共安全需要为首要目的，安全应急产品的使用具有非排他性，并且安全应急产品的供给也并不完全由市场支配，这一特性决定了政府是应对此类突发事件的主要组织者，因而也是安全应急产品和服务的主要购买者。

二是具有市场需求欠稳定性与供给高时效性的供需失衡态势。从全社会角度看，突发公共事件具有突发性、未知性、群体性、社会性等特征，安全应急产品和服务需求主体不明确，需求规模的随机性和欠稳定性对安全应急产业平稳有序发展造成较大困扰。在供给端，安全应急产品和服务的供给高时效性特征较为明显。在突发应急事件应对过程中，人们对安全应急产品和服务的需求几乎无弹性，需求刚性明显。这种应急市场需求的欠稳定性与供给高时效性的内生矛盾，可能会造成“常态吃不饱、应急吃不了”的产业供需失衡态势。

三是具有“专通结合”“平战结合”的可转换性。应急状态与常态下的产品和服务可低成本地相互转化，相当部分安全应急产品和服务与常态产业边界模糊，可以在常态下为日常生产和生活使用。

（三）安全应急产业的类别

目前我国安全应急产业涉及安全防护、监测预警、应急救援处置、安全应急服务四大领域，包括装备、材料、医药、通信、保险、物流等多个相关产业，已经形成了一个较为成熟的产品体系，产品种类多达上千种。

1. 安全防护

涵盖应急救援人员防护、矿山和危险化学品安全避险、特殊工种保护、家用应急防护等产品；社会公共安全防范、重要基础设施安全防护、重要生态环境安全保护等设备。包括预防防护农药和药品制造、预防防护专用设备制造、预防防护辅助材料制造、预防防护工程建筑施工、预防防护药品用品批发、预防防护药品用品零售、预防防护仓储服务、预防防护治理、预防防护卫生服务等类别。

2. 监测预警

涵盖地震、气象灾害、地质灾害、森林草原火灾等监测预警设备；矿山安全、危险化学品安全、特种设备安全、有毒有害气体泄漏等监测预警装备；食品药品安全、生产生活用水安全等应急检测装备，流行病监测、诊断试剂和装备；网络和信息系统安全等监测预警产品。包括监测预警仪器设备制造、监测预警互联网服务、监测预警专业服务、监测预警辅助服务等类别。

3. 应急救援处置

形成了现场保障、生命救护、环境处置、抢险救援等多个门类近百种产品。包括处置救援鞋服床品制造、处置救援化学产品制造、处置救援医药用品制造、处置救援矿物制品制造、处置救援部件器材制造、处置救援机械设备制造、处置救援专用装备制造、处置救援运输服务、处置救援食品服务等类别。

4. 安全应急服务

针对评估咨询、检测认证、应急救援、教育培训、金融服务等各个方面提供安全应急所需社会化服务。包括应急信息技术服务、应急安全保护服务、应急科学技术服务、应急地质勘查服务、应急技术与设计服务、应急科技推广服务、应急水利管理服务、应急环境管理服务、应急设备租赁服务等类别。

二　高质量发展内涵

高质量发展是全面建设社会主义现代化国家的首要任务。发展是党执政兴国的第一要务。没有坚实的物质技术基础，就不可能全面建成社会主义现代化强国。必须完整、准确、全面贯彻新发展理念，坚持社会主义市场经济改革方向，坚持高水平对外开放，加快构建以国内大循环为主体、国内国际双循环相互促进的新发展格局。

坚持以推动高质量发展为主题，把实施扩大内需战略同深化供给侧结构性改革有机结合起来，增强国内大循环内生动力和可靠性，提升国际循环质量和水平，加快建设现代化经济体系，着力提高全要素生产率，着力提升产业链供应链韧性和安全水平，着力推进城乡融合和区域协调发展，推动经济实现质的有效提升和量的合理增长。

中国特色社会主义进入了新时代，我国经济发展也进入了新时代。推动高质量发展，既是保持经济持续健康发展的必然要求，也是适应我国社会主要矛盾变化和全面建成小康社会、全面建设社会主义现代化国家的必然要求，更是遵循经济规律发展的必然要求。高质量发展的内涵包含以下三个方面：

一是增长的稳定性。在推动经济高质量发展的同时，保持速度和规模的优势依然重要。高质量发展意味着必须保持经济增速稳定，不能出现大起大落的波动。

二是发展的均衡性。在高质量发展进程中，经济发展的速度依旧重要，但是强调在更加宽广领域上的协调发展。就经济体系而言，国民经济重大比例关系要合理，需实现实体经济、科技创新、现代金融、人力资源协同发展，构建现代化产业体系。

三是实现创新驱动。高质量发展，目的是提高供给体系质量，关键在于创新驱动。高质量发展，必须坚持创新驱动，着眼有效解决突出瓶颈和深层次问题，发挥企业创新主体作用和市场导向作用，加快建立技术创新体系，推动制造业加速向数字化、网络化、智能化发展，培育壮大新兴产业，改造提升传统产业，提升产业链、价值链，提高供给体系的质量。

三　安全应急产业高质量发展的概念界定

安全应急产业包括安全产业、应急产业，是为各类突发事件提供预警、防护、救援等专用产品和服务的产业。高质量发展是中国特色社会主义近年来提出的发展新任务。高质量发展涵盖行业广泛，包含各类实体产业。随着我国对安全应急产业的不断重视，安全应急产业的高质量发展尤为重要。对应急产业高质量发展内涵的探讨，离不开产业层面高质量发展的范畴。

党的十九大指出，我国经济正处在转变发展方式的攻关期，这一经济发展方式的转变，就是产业发展模式演进的结果。安全应急产业的高质量发展应与新发展理念契合，其中科技创新是应急产业高质量发展的第一动力，协调发展是应急产业健康发展的内在要求，绿色开放是应急产业高质量发展的必由之路，坚持以人民为中心是推动安全应急产业发展的根本力量。

安全应急产业高质量发展是将安全应急产业与高质量发展相结合，即在安全应急产业发展的过程中，不断实现安全应急产业增长稳定；实现安全应急产业均衡发展，稳定发展速度；实现发展创新驱动，不断坚持创新，加快构建安全应急产业发展技术创新体系，推动相关产业信息化、智能化发展，提高安全应急相关产业供给体系质量。应急产业高质量发展要坚持质量效益与规模速度的有机统一、以科技创新为引领、注重协调发展和内外均衡。为监测安全应急产业发展态势，可以从发展环境、市场基础、动能培育和质量效益四个维度构建应急产业高质量发展评价指标体系。

第三节　安全应急产业发展的必要性

一　安全应急产业高质量发展的现状

（一）我国安全应急产业高质量发展优势

在国家安全应急产业发展相关政策的引导、支持和日益增长的安全应急产品和服务需求的刺激下，我国安全应急产业发展迅速，取得了较大的成就。国家应急产业支持政策不断完善、产业规模稳步扩大、创新水平不断提高，并呈现产业聚集的发展态势。

1. 国家安全应急产业支持政策不断完善

自“十一五”时期我国首次提出要强化应急体系建设以来，我国通过多种手段积极推进应急体系建设，其中促进和支持应急产业发展是重要内容。“十一五”规划一开始我国就对应急产业密切关注。“十二五”规划首次对我国应急领域各项层面做出了细节性的规划描述。“十三五”规划则首次提出“风险管控体系”的概念，明确了我国应急产业以风险防控为主的基本发展方针，同时，也首次将应急管理体系建设引入基层，并提出志愿者管理方针。“十四五”规划中除推动我国应急管理体系建设规划之外，首次将我国应急产业基地规划纳入安全保障工程中。这极大程度说明我国安全应急产业越来越受到国家重视，安全应急产业或将在“十四五”时期迎来蓬勃发展。

2. 应急产业规模稳步扩大

我国应急产业发展规模不断扩张，企业数量快速增加。据前瞻产业研究院发布的《应急产业市场前瞻与投资战略规划分析报告》数据，2020 年我国安全应急产业发展迅速，2020 年我国安全应急产业总产值超过 1. 5 万亿元，较 2019 年增长约 15%。此外，我国从事安全应急产业的企业中，制造业生产企业占比约为 60%，服务类企业约占 40%。从区域来看，东部沿海地区安全应急产业规模相对较大，销售额稳步增长，利润丰厚，竞争力强，引领区域安全应急产业快速发展。中西部地区安全应急产业也具有一定的发展基础，“东强西弱”的产业格局逐步减弱。

3. 创新水平不断提高

安全应急产业化创新是培育和形成新的经济增长点的必经环节。随着我国经济的发展、国家对安全应急产业的高度重视以及国家政策的不断支持，应急产业创新水平不断提高。应急通信装备不断突出智能化、小型化、便携化；预测预警装备突出数字化、智能化、精准化；防控与安全防护产品突出数字化、规模化、系列化；紧急医学救援装备与产品突出智能化、便携化、精密化；交通应急装备突出大型化、专业化、多功能化；应急服务突出专业化、社会化、标准化。

4. 产业不断聚集

从我国安全应急产业发展态势分析来看，“两带一轴”各具特色：“东部沿海带”产业总体规模最大，很大程度上是因为东部沿海地区经济发展较好，安全应急产业建设资金充足。除此，东部沿海地区城市人口众多，海洋灾难造成的人员和经济损失较大，因此其对安全应急产业需求量也相对更大。其中江苏省和广东省产业规模最大，位居国内前列。“西部地震带”未来发展空间最大。原来受制于资金因素，“西部地震带”安全应急产业建设仅处于初级阶段，但随着“十四五”规划出台，国家一系列专项资金拨款支持，预计“西部地震带”安全应急产业或将成为未来发展空间最大区域。区域内重庆是我国首个国家级安全应急产业基地，曾是我国国家级安全和应急产业园区的先行先试者。“中部产业连接轴”产业定位具有较强的综合布局，很好地连接了东西“两带”的发展。

（二）我国安全应急产业高质量发展问题

我国安全应急产业高质量发展面临一些亟待解决的突出问题，表现在：安全应急产业概念界定不清；关键应急装备发展缓慢；安全应急产业政策滞后；安全应急产业标准亟待完善；安全应急产业市场尚在孕育期；安全应急产业发展氛围欠缺；全社会的参与程度亟须提高，等等。但是我国安全应急产业具有巨大的发展潜力。我国应急管理中存在的教育欠缺等问题多次被专家在重要场合着重指出，多数高校无力承担应急领域的科学研究、专业人员培训及公共安全相关的救援法律、政府决策和新型产品的研发等任务，并且民众对于防灾意识及防灾知识的匮乏和社会对专业人员及机构的灾害应对及处置能力培训的欠缺，使国内整体紧急反应能力落后于多数欧洲国家。虽然国家出台了多项安全应急发展政策，但是难以凝聚合力，主要表现为相互独立的部门各司其职，没有统一调配机构，因此迫切需要政府部门完善综合协调与统一调度机制。

安全应急产业高质量发展受到内外因素的共同影响。技术创新（产业发展的原动力）、制度改革（产业发展的推动力）、国家政策（产业发展的支持力）等组成了产业发展壮大的外部活力机制（市场活力产业高出)，合作和竞争则组成了内部活力机制。内外活力机制是相互连接和相互作用的，只要满足一定条件，外部活力就可以转化为内部活力。该系统的内外活力机制，为安全应急领域相关产业的发展壮大以及互联互通提供了全方位的助力。当前，安全应急产业高质量发展主要涵盖安全生产、防灾减灾、应急救助等领域。在产业规模上，我国从事安全应急产业的企业数量较多，但规模小，领军企业或龙头企业不足，产业集聚发展受到限制。在产业链方面，没有形成全过程、整个生命周期的产业链，产业链上、中、下游链条还没有完全连接起来。以应急专车产业为例，其规模化发展不仅需要专车这一产业的发展，还需要底盘、轮胎、油灯等大量零部件及其他装备、材料、化工、电子信息、通信、物流保险等配套服务产业链的发展。产品或服务的技术内涵不足，产品和服务的技术含金量较低，难以完全满足安全保障和应急处理的需要。例如，许多工程机械设备定位系统、地理信息系统等核心配置不足。

尉肖帅等①提出，应急产业是我国的新兴产业，但产业发展水平和技术创新水平相对落后，由于其特殊的社会角色和巨大的市场潜力，它又是经济社会安全运行不容忽视的产业。安全应急产业是为满足社会公众公共安全需求而从事应急产品和服务生产的企业等生产部门的集合。付晨玉、杨艳琳②认为，产业高质量发展，首先要做到产业结构、创新、效率、价值链和绿色发展的有机统一。闪淳昌③提出，加快应急产业高质量发展，具有紧迫性和重要意义。申霞④构建了应急产业发展动力模型和影响因素模型，分析了应急产业空间集聚效应以及应急产业发展模式与路径。Fang 等⑤指出城市经济高质量发展离

---

① 尉肖帅等:《应急产业创新创业环境优化策略研究》,《中国安全科学学报》2022 年第 32 期。

② 付晨玉、杨艳琳:《中国工业化进程中的产业发展质量测度与评价》,《数量经济技术经济研究》2020 年第 37 期。

③ 闪淳昌:《大力发展应急产业》,《中国应急管理》2011 年第 3 期。

④ 申霞:《应急产业发展的制约因素与突破途径》,《北京行政学院学报》2012 年第 3 期。

⑤ Fang Man, Yang Hongyan, "Developments in Emergency Industry and Industrialization in China", *Procedia Engineering*, 2012 (43), pp. 379-386.

不开产业高质量发展，同时应急产业高质量发展离不开经济的发展。在对安全应急产业高质量发展的研究方面，涉及安全应急产业高质量发展的判断很少，并且关于安全应急产业高质量发展的内涵或发展路径的研究也很少。

（三）我国安全应急产业高质量发展现实需求

随着我国工业化、信息化、城镇化快速推进，公共安全事件的频发多发趋势日益明显。公共安全问题的复杂性、外溢性、潜在风险和新隐患的增加，给公共安全和应急管理工作带来巨大压力，也给人民群众的日常生活和经济发展造成严重损失。2020 年 3 月 7 日，福建省泉州市鲤城区欣佳酒店所在建筑物发生坍塌事故，造成 29 人死亡、42 人受伤，直接经济损失 5794 万元[①]；2020 年 6 月 13 日，浙江省台州市温岭市境内沈海高速公路温岭段温岭西出口下匝道发生一起液化石油气运输槽罐车重大爆炸事故，共造成 20 人死亡、175 人受伤，直接经济损失高达 9477. 815 万元[②]。

技术装备、检测检验设备、监测报警装置、防护装备、安全评价、安全认证等各种工程及非工程措施，可以提高城市等区域的韧性。同时，基于发展大数据、云计算、5G、区块链等技术，建设物联网感知网络和应急平台，构建智能安全城市，提高各类灾害预警、响应和处理能力。除此之外，还要从人力培训，安全文化及教育的角度，提高全社会的整体安全意识和安全素质。这些都与安全应急产业有着密切的关系，构成了安全应急产业发展的现实需求。从整体上看，我国安全应急产业无论是 B2B 市场还是 B2G、B2C 市场，都存在较大的市场开拓空间。

安全应急产业作为国家支持的战略性新兴产业之一，具有安全和发展双重属性，在扩大内需、培育新经济增长点、调整经济结构等方面都将发挥重要作用。对于安全应急产业而言，用足、用好国家出台

① 国务院事故调查组：《福建省泉州市欣佳酒店“3·7”坍塌事故调查报告》，2020 年 7 月。

② 沈海高速温岭段“6·13”液化石油气运输槽罐车重大爆炸事故调查组：《沈海高速温岭段“6·13”液化石油气运输槽罐车重大爆炸事故调查报告》，2020 年 12 月。

的相关政策，抓住目前市场需求旺盛、全社会普遍重视安全的有利时机，加快创新脚步，推动高质量发展正逢其时。

二　安全应急产业高质量发展的作用

（一）安全需求是经济社会发展的必然要求

马斯洛认为，人的需要由生理需要、安全需要、归属与爱的需要、尊重需要、自我实现需要五个等级构成。安全需要包括对受保护、有秩序、免除恐惧和焦虑等。安全需要属于高级需要，与该国经济、科技、文化和民众受教育水平直接相关。从市场的角度而言，注重安全就是消费者关注社会产品和服务对身体的影响，健康也属于安全需要的范畴。随着收入的增加，我国居民对安全健康的需求也不断增加，《2019 国民健康洞察报告》指出，随着中国经济蓬勃发展，公众对健康的要求也越来越高。“健康”这一选项在公众心目中的重要性高达 9.6 分（满分 10 分），96%的公众表示自己存在健康相关的问题。对安全的关注度虽然还没有可供引用的调查报告，但是每一次事故、事件的发生都让公众对安全格外关注。每次事件，都会成为当时的舆情焦点，令公众格外关注，都会引发民众对个人安全问题的关切，这些都充分反映了公众对安全有着很强的需求。我国现阶段已进入对安全具有极强需求的阶段。因此，安全应急产品和服务将进入民众自觉关注和消费的社会发展阶段。

（二）高质量发展安全应急产业是应对自然灾害频发的现实需要

随着城镇化进程的加速，地表环境的变化在一定程度上促进了城市内涝的形成。城市“热岛效应”加剧了水气对流运动，相同情况下城市雨量不仅比郊区多，而且暴雨频次也高于郊区，从而产生了城市“雨岛效应”。中国城市的不透水地表面积以每年约 6.5%的速度增长，钢筋、水泥构成的不透水地表让雨水很难通过地面渗透，而湖泊、绿地、池塘、农田和湿地等水生生态系统的减少，使城市的自我调节能力也随之降低，内涝的问题只能更多地通过人工排水系统解决。提升城市灾害监测预警、响应和处置能力，是非常现实的需要。应急管理部门正在推进应急管理体系和能力现代化建设，集中治理城市内涝、地质灾害、火灾等问题，提升应急管理“硬实力”。公共安全治理将成为安全应急产业高质量发展的重要阵地。政府在基础设施防灾安全设备上的财政投入将逐年加大，在未来新基建计划全面实施的背景下，安全应急产业将大有作为，市场需求才刚刚启动。

（三）城市安全隐患的复杂性，迫切需要高质量发展安全应急产业

随着经济社会的飞速发展，致灾因素也随之增加。工业化、城镇化加速，带来新隐患增多，各类潜在危险源增多，防控难度变大，很多事故存在“外溢”现象，各种安全生产事故时有发生，带来了巨大的公共安全压力。突发安全事件，往往呈现出伤亡大、损失大、影响大和突发性、复杂性等特点，反映了城镇化速度加快给城市本身带来的高风险和脆弱性凸显。经济社会迅速发展，现代化程度不断提高，各类致灾因素相互联系、相互作用、相互交织和相互影响。因此，为城市公共安全和韧性建设提供保障条件的应急安全产业，一定要跟上城镇化发展的步伐。

（四）新冠疫情催生公众的安全需求

新冠疫情催生公众对安全的需求。澎湃研究所、北京大学、中央财经大学的相关学者联合进行了全国范围的消费行为调研。调研表明，疫情期间，公众对身体健康与安全需求的重视程度大幅度提升，80%以上的消费者都增加了防护用品的消费，防护消费和提高免疫力的健康消费成为最凸显的刚性消费。相较于疫情之前的消费习惯，消费者预期在疫情结束后会增加对健康、保险类消费的支出。① 新冠疫情也将影响人们今后的生活方式，在不能改变大环境的情况下，加强个人防护会逐渐成为人们的习惯和风尚，将会增加安全和健康的个人防护用品的需求，面对“不知道明天和意外哪一个先来”，配备个人和家庭避险产品会逐渐成为共识，这些都将成为安全应急产业高质量发展的重点。目前安全应急方面的个人消费市场尚处于“初级阶段”，安全应急产品需求侧的消费需求值得期待。

---

① 《发展安全应急产业正当其时》，https：//m. thepaper. cn/baijiahao_ 8889396，2020年8月26日。

（五）高质量发展安全应急产业是打造经济新的增长极的需要

当前，我国经济发展进入新常态，由高速发展进入高质量发展阶段。在经济新常态下，应急产业高质量发展不仅能够满足公众对安全的需求，同时也将促进经济发展。社会公众对安全需求的不断提升和应对突发事件的实际需要，对应急产品研发和生产提出了较高要求，同时促使应急、消防、安防、反恐、信息安全、食品安全等领域专用产品和服务将保持持续增长的态势。据工业和信息化部统计，2016 年至 2020 年我国应急行业市场规模约为 1.01 万亿元至 1.24 万亿元。安全应急产业具有覆盖面广、产业链长的特点，高质量发展安全应急产业一方面可以发挥中小微企业的发展活力，实现安全应急产品和服务向专业化方向转变，从而不断催生新的业态，增强新的经济活力；另一方面紧密围绕应急救援工作的实战需要和公众需求，可以推动安全应急产业的社会化发展，拓展安全应急产业市场，扩大社会就业，形成新的经济增长点。

第四节　本章小结

本章首先阐述了安全应急产业的产生与发展过程，介绍了安全应急产业的历程。随后，论述安全应急产业、高质量发展两方面的内涵，进而对安全应急产业高质量发展的概念进行界定。同时，分别从我国安全应急产业高质量发展的现状、问题、需求及作用等方面阐述安全应急产业高质量发展的必要性。

第二篇

理论创新篇

理论创新篇紧扣安全应急产业高质量发展这一主题，首先采用程序化扎根理论研究方法对安全应急产业的影响因素进行识别和分析，研究安全应急产业发展影响因素相互作用关系。其次根据影响因素进一步分析安全应急产业高质量发展竞争力的各个要素，并选取重要影响因素建立河北省安全应急产业高质量发展评价指标体系和评价模型。再次从定量研究的角度探讨了政府政策对于安全应急产业高质量发展的影响。最后探索安全应急产业高质量发展路径，并为区域选择安全应急产业发展路径构建评价匹配模型。

第三章　安全应急产业高质量发展影响因素

安全应急产业高质量发展受到诸多因素的影响，探究安全应急产业高质量发展的影响因素，分析其作用机理，是进一步研究产业发展评价、设计产业发展路径、构建推动产业发展对策体系的基础。本章将在梳理安全应急产业相关文献和国家层面政策文本的基础上，采用程序化扎根理论研究方法进行文献和政策编码，对安全应急产业的影响因素进行识别和分析，研究安全应急产业发展影响因素相互作用关系，探索具体影响机理，以期为安全应急产业高质量发展的路径和对策设计提供扎实的理论支撑。

第一节　安全应急产业高质量发展影响因素理论基础

关键因素对安全应急产业的影响机理研究取得了较为丰富的成果。学者认为，政府政策是影响安全应急产业发展的关键因素之一。如唐林霞和邹积亮[①]、郑胜利[②]、刘钊和李洺[③]、钟宗炬等[④]认为产业

---

① 唐林霞、邹积亮：《应急产业发展的动力机制及政策激励分析》，《中国行政管理》2010年第3期。

② 郑胜利：《我国应急产业发展现状与展望》，《经济研究参考》2010年第28期。

③ 刘钊、李洺：《我国应急产业发展的现状、问题与建议》，《行政管理改革》2012年第3期。

④ 钟宗炬等：《产业政策如何驱动中国应急产业发展——基于应急产业政策的文本分析》，《北京行政学院学报》2019年第3期。

政策是影响我国应急产业发展的重要力量，并提出相应建议。Carlos[①]认为，政府政策和市场条件均能对应急产业发展产生重要影响。刘艺和李从东[②]、马颖等[③]、申霞[④]、王建光[⑤]先后从法律法规体系、市场需求、区域差异以及制约力量的角度研究了应急产业的影响因素。Irimescu[⑥]、Li 和 Ke[⑦]认为，技术因素，尤其信息技术和数据技术在应急产业发展中的重要性日渐突出。程宇、肖文涛[⑧]认为，必须加快应急管理技术创新和技术支持体系建设。从方法上看，杨剑[⑨]引入解释结构模型，方铭勇[⑩]借助钻石模型，王郅强、申婷[⑪]利用 QEDT 工具和专家打分等方法，叶先宝、蔡秋蓉[⑫]采用 SWOT 定性分析方法和 AHP 定量分析方法对应急产业政策以及其他影响因素进行了研究。目前，大多数研究聚焦于“现状—问题—对策”的描述性分析，在研究方法上的规范和科学性有待进一步突破。

---

① Carlos Martí Sempere，“The European Security Industry：A Research Agenda”，*Defence & Peace Economics*，2010，22，pp. 245-264.

② 刘艺、李从东：《应急产业管理体系构建与完善：国际经验及启示》，《产业经济》2012 年第 6 期。

③ 马颖等：《我国应急产业发展的技术支撑能力评价研究》，《科研管理》2018 年第 3 期。

④ 申霞：《应急产业发展的制约因素与突破途径》，《北京行政学院学报》2012 年第 3 期。

⑤ 王建光：《我国应急产业发展动力机制模型研究》，《中国安全生产科学技术》2015 年第 3 期。

⑥ Irimescu，E. C.，“Business Development Challenges for Security Industry—The Classical Market and the New Technology Market”，International Conference on Marketing and Business Development Journal，The Bucharest University of Economic Studies，2015，1，pp. 288-294.

⑦ Li Huimin，Ke Yuanyuan，“Security Industry in the Era of Big Data”，*Modern Science & Technology of Telecommunications*，2014，2，pp. 147-160.

⑧ 程宇、肖文涛：《应急产业技术创新的金融服务需求及政策建议》，《中国行政管理》2016 年第 8 期。

⑨ 杨剑：《基于解释结构模型的应急产业科技支撑体系》，《河池学院学报》2020 年第 1 期。

⑩ 方铭勇：《基于钻石模型的安徽应急产业发展研究》，《宿州学院学报》2013 年第 3 期。

⑪ 王郅强、申婷：《产业政策对应急产业发展是否有效——基于 QFD 工具对广东省的评价与分析》，《长白学刊》2019 年第 4 期。

⑫ 叶先宝、蔡秋蓉：《基于 SWOT-AHP 的应急产业发展战略探析》，《发展研究》2018 年第 10 期。

扎根理论逐渐被引入不同产业发展影响因素的研究中，如吴斌等[①]、方炜和张明状[②]先后采用扎根理论对铸造产业和核电产业进行了研究；李林等[③]、张敏等[④]先后对冰雪产业和冰雪装备器材产业开展研究；程嘉浩等[⑤]、郝大伟等[⑥]对体育产业的影响因素进行了研究。相较于多数定性研究方法，扎根理论基于学术研究资料和国家政策文本进行自下而上的挖掘，因此得到的影响因素体系更加客观可靠。本章将运用扎根理论，在研究安全应急产业影响因素的基础上，剖析各因素之间的相互关系和具体影响机理，以期为安全应急产业的发展提供借鉴和帮助。

第二节　安全应急产业高质量发展影响因素识别

一　研究样本选择

研究对象为安全应急产业，主要分析影响安全应急产业发展的因素。由于安全应急产业是新兴产业，国家政策对于安全应急产业的发展有重要支撑作用，因此在样本数据的选择上不仅包括安全应急产业相关文献，还包括安全应急产业相关政策。

文献样本。在“中国知网”以“安全应急产业”为主题词进行

---

① 吴斌等：《基于扎根理论的铸造产业发展路径研究》，《上海管理科学》2015 年第 6 期。

② 方炜、张明状：《核电产业军民融合发展核心范畴与机理探究》，《北京航空航天大学学报》（社会科学版）2023 年第 5 期。

③ 李林等：《政策工具视角下中国冰雪产业政策文本特征分析》，《吉林体育学院学报》2018 年第 4 期。

④ 张敏等：《冰雪装备器材产业科技创新的动力机制研究——基于扎根理论的分析》，《企业经济》2022 年第 8 期。

⑤ 程嘉浩等：《体医融合视角下我国体育产业发展模式探索——基于扎根理论》，《体育科技文献通报》2022 年第 2 期。

⑥ 郝大伟等：《基于政策工具视角下的中国体育产业政策分析》，《武汉体育学院学报》2014 年第 9 期。

检索，共检索到期刊文献558篇。为保证文献的权威性，文献来源类别选择“核心期刊”“中国社会科学引文索引”，共检索到相关主题文献68篇。经过对文献内容的仔细阅读，去除与“安全应急产业发展的影响因素”无关的文献，最终确定进行文献编码的文献共48篇。

政策样本。首先在“北大法宝”以“安全应急产业”为关键词进行政策检索，同时在工业和信息化部（以下简称工信部）、应急管理部、科学技术部（以下简称科技部）等各部委政府网站进行了检索，共收集到国家层面政策39项。考虑到地方政策多为国家层面政策的延续，同时各地在落实国家政策的过程中进度不统一，因此只选取了国家层面的39项安全应急产业政策进行分析。国家政策样本见表3-1。

表3-1　　国家层面的安全应急产业政策样本

序号	政策名称	发文机关	时间
1	《转发安全监管总局等部门关于加强企业应急管理工作意见的通知》（国办发〔2007〕13号）	国务院	2007年
2	《关于加强基层应急管理工作的意见》（国办发〔2007〕52号）	国务院	2007年
3	《关于认真贯彻实施突发事件应对法的通知》（国办发〔2007〕62号）	国务院	2007年
4	《关于印发加强工业应急管理工作指导意见的通知》（工信部运行〔2009〕446号）	工信部	2009年
5	《关于印发2011年安全生产应急管理重点工作安排的通知》（安监总厅〔2011〕19号）	国家安全生产监督管理总局	2011年
6	《关于印发2012年工业应急管理工作要点的通知》（工信厅运行〔2012〕47号）	工信部	2012年
7	《关于促进安全产业发展的指导意见》（工信部联安〔2012〕388号）	工信部、国家安全生产监督管理总局	2012年
8	《关于印发国家公共安全科技发展“十二五”专项规划的通知》（国科发计〔2012〕155号）	科学部	2012年
9	《关于印发〈突发事件工业产品保障应急预案〉的通知》（工信部运行〔2012〕98号）	工信部	2012年
10	《关于组织开展2014年度“国家新型工业化产业示范基地”创建工作的通知》（工信厅规函〔2014〕335号）	工信部	2014年

续表

序号	政策名称	发文机关	时间
11	《关于加快安全应急产业发展的意见》（国办发〔2014〕63 号）	国务院	2014 年
12	《安全应急产业重点产品和服务指导目录》（2015 年）	工信部、国家发展改革委	2015 年
13	《国家安全应急产业示范基地管理办法（试行）》	工信部、国家发展改革委、科学技术部	2015 年
14	《关于印发 2015 年安全生产应急管理工作要点的通知》	国家安全生产应急救援指挥中心	2015 年
15	《关于印发突发急性传染病防治“十三五”规划的通知》（国卫应急发〔2016〕35 号）	国家卫生健康委员会	2016 年
16	《关于深入推进新型工业化产业示范基地建设的指导意见》（工信部联规〔2016〕212 号）	工信部、财政部、国土资源部	2016 年
17	《关于建立应急产业重点企业联系制度的通知》（工信厅运行函〔2016〕495 号）	工信部	2016 年
18	《关于印发国家突发事件应急体系建设“十三五”规划的通知》（国办发〔2017〕2 号）	国务院	2017 年
19	《关于印发〈国家新型工业化产业示范基地管理办法〉的通知》（工信部规〔2017〕1 号）	工信部	2017 年
20	《关于印发〈安全生产应急管理“十三五”规划〉的通知》（安监总应急〔2017〕107 号）	国家安全生产监督管理总局	2017 年
21	《关于印发〈“十三五”综合防灾减灾科技创新专项规划〉的通知》（国科办社〔2017〕44 号）	科技部	2017 年
22	《关于印发〈“十三五”公共安全科技创新专项规划〉的通知》（国科发社〔2017〕102 号）	科技部	2017 年
23	《办公厅关于组织开展 2017 年中德智能制造合作试点示范工作的通知》（工信厅信软函〔2017〕304 号）	工信部	2017 年
24	《办公厅关于印发〈国家新型工业化产业示范基地 2017 年工作要点〉的通知》（工信厅规〔2017〕23 号）	工信部	2017 年
25	《关于印发〈国家网络安全事件应急预案〉的通知》（中网办发文〔2017〕4 号）	中央网信办	2017 年
26	《关于印发〈安全应急产业培育与发展行动计划（2017—2019 年）〉的通知》（工信部运行〔2017〕153 号）	工信部	2017 年
27	《关于推进城市安全发展的意见》（中办发〔2018〕1 号）	中共中央、国务院	2018 年

续表

序号	政策名称	发文机关	时间
28	《关于加快安全产业发展的指导意见》（工信部联安全〔2018〕111号）	工信部、应急管理部、财政部、科技部	2018年
29	《应急管理部关于公布安全科技支撑平台（第一批）名单的通知》（应急函〔2018〕75号）	应急管理部	2018年
30	《关于〈加强新时代防震减灾科普工作的意见〉》（应急〔2018〕57号）	应急管理部、教育部、科技部、中国科协、中国地震局	2018年
31	《关于印发〈电力行业应急能力建设行动计划（2018—2020年）〉的通知》（国能发安全〔2018〕58号）	国家能源局	2018年
32	《安全生产专用设备企业所得税优惠目录（2018年版）》的通知（财税〔2018〕84号）	财政部、税务总局、应急管理部	2018年
33	《国家安全产业示范园区创建指南（试行）》的通知（工信部联安全〔2018〕213号）	工信部、应急管理部	2018年
34	《关于同意粤港澳大湾区（南海）智能安全产业园创建国家安全产业示范园区的复函》（工信厅联安全函〔2018〕379号）	工信部、应急管理部	2018年
35	《生产安全事故应急条例》（国务院令708号）	国务院	2019年
36	《2019年安全生产应急救援工作要点的通知》（应急厅〔2019〕33号）	应急管理部	2019年
37	《关于公布第三批国家安全应急产业示范基地名单的通知》（工信厅联运行函〔2019〕289号）	工信部、国家发展改革委、科技部	2019年
38	《关于印发〈国家安全应急产业示范基地管理办法（试行）〉的通知》（工信部联安全〔2021〕48号）	工信部、国家发展改革委、科技部	2021年
39	《国务院关于印发“十四五”国家应急体系规划的通知》（国发〔2021〕36号）	国务院	2021年

二　数据编码过程与结果

基于扎根理论，采用程序化扎根理论进行文献和政策编码，编码步骤主要包括开放式编码、主轴式编码和选择式编码。

（一）开放式编码

开放式编码是通过对现有掌握的文献和政策进行逐句理解、编码、标签，从而解析、联系、组织分散的资料的过程，主要包括提取原始语句、初始概念化和初始范畴化三项内容。

第一，提取原始语句。根据样本数据选择和处理的结果，精选出了48篇安全应急产业发展影响因素的相关文献和39项安全应急产业相关政策，对精选出来的文献和政策文本逐一进行仔细、深入地研读，找到其中安全应急产业发展影响因素相关的语句，提取出来并做好标记，同一个文本中涉及相同影响因素的，选择其中的一条原始语句提取出来，涉及不同影响因素的语句分别提取出来，最终共获取了188条原始语句或句段。

第二，初始概念化。采用人工编码的方法，对提取原始语句过程中得到的188条原始语句反复阅读，进行逐句逐行地分析，提取出影响安全应急产业发展的因素，并对该因素进行编码贴标签，用“ax”表示，其中“x”为数字编码。同一条语句出现多个影响因素时，对每一个因素分别贴标签；出现相同的影响因素时，选择其中一个进行编码。为了保障编码的质量和准确性，使初始概念最大限度地反映文献原始语句所表达的核心含义，尽可能使用文本中的原始词语进行贴标签。为了保证所贴标签的全面性和准确性，由三名成员同时进行原始语句的提取和贴标签，并进行交叉检查，保证了编码的准确性。

完成定义标签编码后，再对初始标签条目进行筛选与整理，将含义不明显或不直接相关的标签删除，合并含义相同或类似的标签，然后进行概念观点的提炼形成初始概念，用“aax”表示。经过分析和归纳，最终提炼出263个标签和60个初始概念，定义标签的过程和初步概念化编码结果列举见表3-2。

表3-2　　　　开放式编码结果

相关文献中提取的语句或句段列举	定义标签（ax）	初始概念（aax）
研究制定相关政策措施（a1），加强先进适用技术、装备的研发和应用（a2），加快形成具有自主知识产权的应急技术和产品，扶持安全应急产业发展	a1 政策措施 a2 技术装备研发	aa1 扶持政策（a1，a3，a5，a10，a17，a18，a41，a45，a55，a60，a87，a91，a108，a112，a118，a121，a158，a171，a174，a186，a192，a195，a197，a204，a210，a227，a259，a260，a262）

续表

相关文献中提取的语句或句段列举	定义标签（ax）	初始概念（aax）
加快应急创新成果产业化，推动形成一批安全应急产业发展聚集园区（a8）	a8 安全应急产业发展聚集园区	aa2 安全应急产业基地（a8，a13，a51，a56，a68，a94，a124，a130，a131，a140，a155，a196，a263）
着力推进原始创新、集成创新和二次创新，掌握共性技术，突破关键核心技术，尽快缩小与国际先进水平的差距，促进科技成果产品化、产业化（a23）；培育市场需求，推进安全应急产品在重点领域应用，形成对安全应急产业发展的有力拉动（a24）	a23 创新驱动 a24 需求牵引	aa13 市场需求（a24，a84，a109，a136，a143，a167，a172，a189，a190，a223，a225，a230，a234，a237，a253）
组织实施“5+N”计划，逐步健全技术创新（a104）、标准（a105）、投融资服务（a106）、产业链协作（a107）和政策（a108）五大支撑体系，开展N项示范工程建设，培育市场需求（a109），壮大产业规模	a104 技术创新 a105 标准 a106 投融资服务 a107 产业链协作 a108 政策 a109 市场需求	aa19 人才（a38，a97，a162，a222，a239，a250，a256）
着眼于打通安全应急产业发展政策瓶颈问题，从产业标准（a247）、财税支持（a248）、投融资（a249）、人才发展（a250）和完善法规（a251）等方面提出了5条政策措施	a247 产业标准 a248 财税支持 a249 投融资 a250 人才发展 a251 完善法规	aa28 技术（a47，a54，a67，a99，a150，a154，a184，a211，a243）
市场在突发事件应急治理中发挥作用，既有利于降低应急治理的成本，又增强了安全应急产业发展的内生动力（a252）	a252 市场	
通过培育市场需求（a253），增强创新能力（a254），制定激励性政策（a255），培养应急人才（a256）和加强国际交流（a257）来创造产业发展的动力，推进安全应急产业的进一步发展	a253 市场需求 a254 创新能力 a255 激励性政策 a256 应急人才 a257 加强国际交流	aa60 社会消费与储备（a133）
（共188条原始语句或句段）	（共263个定义标签）	（共60个初始概念）

第三，初始范畴化。初始范畴化是将各个初始概念间的逻辑关系

进行归纳整理，然后重新编码。根据初始概念的含义以及文献原语句表达的含义，将含义相近或者表达内容属于同一分类的初始概念进行归纳整理，通过对60条初始概念做进一步比较分析，最后得到12个初始范畴（也称副范畴），用“AX”表示。范畴化编码的过程与结果列举见表3-3。

表3-3 初始概念范畴化

副范畴（AX）	初始概念（aax）
A1 政府政策	aa1 扶持政策 aa17 财税政策 aa18 投融资政策 aa23 安全应急产品储备管理制度
A2 政府组织协调	aa20 政府组织协调
A3 法律法规	aa29 法律法规
A4 政府资金支持	aa47 政府资金支持
A5 文化环境	aa23 全民公共安全和风险意识 aa48 应急管理高等教育和研究情况 aa49 应急教育基地 aa52 安全应急产业职业教育机构
A6 营商环境	aa33 投融资服务 aa54 投融资环境 aa55 信息共享环境 aa56 数字经济发展状况
A7 市场秩序	aa30 市场秩序
A8 需求拉动	aa14 市场需求 aa59 政府储备 aa60 社会消费与储备
A9 支撑条件	aa7 社会组织 aa16 国际交流合作 aa24 产学研合作 aa27 军民融合 aa35 安全生产标准 aa36 安全科技支撑平台

续表

副范畴（AX）	初始概念（aax）
A10 要素投入	aa19 人才 aa39 数据要素 aa41 产业投资 aa44 生产要素 aa26 科技资源 aa37 科技创新基地 aa58 科技管理体制 aa28 技术 aa53 智能化水平
A11 产业因素	aa2 安全应急产业基地 aa3 工业安全应急产业投入 aa4 区域优势 aa10 产业集聚 aa11 安全应急产业标准体系 aa21 产业交流合作 aa31 整合资源 aa34 产业链协作 aa38 安全应急产业边界 aa57 经济利益
A12 企业因素	aa6 龙头企业 aa25 企业联系机制 aa42 企业间的竞争和合作 aa43 企业策略 aa51 民营企业融入程度

（二）主轴式编码

主轴式编码是开放式编码的进一步延伸和发展，即深度挖掘出开放式编码得出的初始概念和范畴之间的逻辑关系，并将初始范畴联系起来，根据一定的规则或逻辑关系对副范畴进行聚类分析，提炼出主范畴，提炼的主范畴用“AAX”表示。根据研究的主要内容，按照副范畴对应的影响对象，最终将 12 个副范畴归纳为 5 个主范畴，分别为政府因素、发展环境、要素条件、市场因素、产业内部因素，主轴式编码结果见表 3-4。

表 3-4　主轴式编码

主范畴（AAX）	副范畴（AX）
AA1 政府因素	A1 政府政策 A2 政府组织协调 A3 法律法规 A4 政府资金支持
AA2 发展环境	A5 文化环境 A6 营商环境
AA3 要素条件	A9 支撑条件 A10 要素投入
AA4 市场因素	A7 市场秩序 A8 需求拉动
AA5 产业内部因素	A11 产业因素 A12 企业因素

（三）选择性编码

选择性编码也称理论编码，是在开放式编码和主轴式编码的基础上提炼出核心范畴，从而把各范畴系统地整合在一起，从而建构扎根理论模型。

核心范畴通常是反映研究内容的核心，通过对主范畴进行分析、集中和整理，按照一定的逻辑关系挖掘出核心范畴，并验证核心范畴与主范畴之间的逻辑关系，形成能够完整、准确描述整体研究现象的理论。本研究的编码过程主要围绕影响安全应急产业发展的因素进行分析，因此核心范畴为安全应急产业的影响因素，围绕这一核心范畴的主范畴有政府因素、发展环境、要素条件、市场因素、产业内部因素。

第三节　安全应急产业高质量发展影响因素作用关系

基于扎根理论，对安全应急产业的影响因素进行了识别和分析，根据得出的结果，邀请应急管理领域内 13 位专家进行了 5 次研讨会，对因素之间的相互作用关系进行了反复的推敲和修改，最终构建出安全应急产业发展影响因素相互作用关系（见图 3-1）。

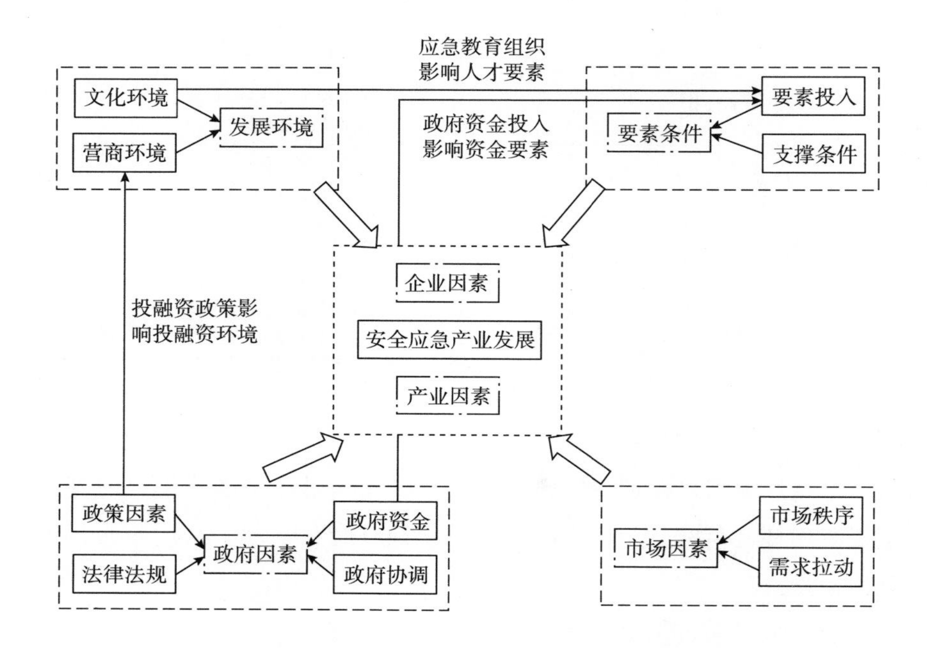

图 3-1 安全应急产业发展影响因素相互作用关系

研究发现，影响安全应急产业发展的主要因素包括两方面：一是内部因素；二是外部因素。内部因素，即安全应急产业内部的力量，包括产业因素和企业因素；外部因素，即安全应急产业外部推动的因素，包括政府因素、发展环境、市场因素和要素条件。

一 内部因素体系

内部因素是巩固和拓展安全应急产业发展的基础，本研究将安全应急产业发展内部因素界定为“产业因素和企业因素”的综合方面。产业因素主要包含产业交流合作、产业链协作发展、产业标准体系、经济利益、安全应急产业边界、产业集聚、整合资源、区域优势和安全应急产业投入。

产业交流合作可以使安全应急产品应用到其他产业中去，扩大安全应急产品的适用范围；产业链协作发展可以使安全应急产业链中的上下游企业加强合作，建立有效的供需关系，从而提升产业的整体运作效率。产业交流合作侧重于产业之间的合作，而产业链协作发展侧重于产业链上下游企业之间的配合。独立的、完备的产业标准体系是安全应急产业良性有序发展的基础，制定产业标准体系可以更好地规范产业的发展。经济利益和安全应急产业投入是推动产业发展的重要动力。安全应急产业与其他产业不同，部分产品甚至具有一定的社会公益属性。由于国家对于应急管理事业的重视，安全应急产业直接投入大幅提升，为企业带来了较大的经济利益，使安全应急产业迅速发展。针对安全应急产业划分清晰的边界可以凸显出产业的独特性，使产业发展方向更加清晰明了，产业政策的支持更加有针对性。产业集聚拉近产业空间距离，促进产业链的专业化细分，以及产业链上下游企业的核心竞争力更好地体现出来。整合资源是指产业将不同结构、不同内容的资源进行有机地融合，使产业链更具效率和价值，整合资源包括整合存量资源和整合优势资源。塑造区域竞争优势能够完善产业的区域性循环发展网络。

企业因素主要包括民营企业融入程度、企业联系机制、企业间的竞争和合作、企业策略和龙头企业。民营企业融入程度促进了行业经济和生产力的发展，民营企业的灵活性和自主性可以为产业发展带来更大的活力；企业联系机制体现了企业与政府之间联系的紧密程度及政企关系的融洽度，有利于提高政策的针对性；企业间的竞争和合作、企业策略与龙头企业的形成，有利于产业内部企业形成持久的竞争优势，能更好地整合资源，使产业蓬勃发展。

二　外部因素体系

促进安全应急产业的发展不仅要关注内在影响因素，还要考虑外部因素的影响。根据扎根理论，本书所确定的外部因素包括政府因素、要素条件、发展环境和市场因素四大方面。

（一）政府因素

政府因素主要包括政府政策、法律法规、政府组织协调和政府资金支持。

第一，政府政策。政府政策作为“有形的手”可以弥补市场自我调节的局限性。政府政策主要包括扶持政策、财税政策、安全应急产品储备管理制度、融资政策。通过制定扶持政策，对于安全应急产业进行倾向性扶持，可以帮助产业规避发展过程中的风险，促使产业快速发展。财税政策包括对于生产特定产品减免税收、简化增值税抵扣规则、明晰收费细则等，可以帮助安全应急产品和服务企业节省资金用于未来的发展。突发事件具有不确定性和地域性的特征，造成了救灾物资储备的不均衡性。完善安全应急产品储备管理制度，针对本区域的地理环境特征，建立独特的应急物资储备体系，可以从需求端带动应急物资的销售。投融资政策能够更好地配合地方政府实现地方经济社会政策目标，实现经济效益、社会效益和资源合理配置，创造良好的市场环境。

第二，其他政府因素。除政府政策外，政府因素还包括政府组织协调、法律法规和政府资金支持。政府组织协调是保证产业高效运作和绩效提升的关键。安全应急产业的发展离不开政府各部门之间的协作和配合。不同职能管理部门之间实现协同运作，明晰职能部门与机构的相关职责，健全工作机制，加强督查落实，优化整合各种社会资源，从而发挥整体功效。法律法规可以规范企业经营，提升产业发展秩序，为安全应急产业发展提供坚实保障。政府资金支持是我国政府使用财政手段建立产业支持资金，并引导社会投资，可以为安全应急产业的发展注入专项资金，推动产业发展形成新格局。

政府因素不仅对安全应急产业的发展产生直接影响，还对其他三个外部因素产生间接影响。例如，地方性投融资政策为维护投融资市场环境的稳定和有序奠定了基础，从而为塑造良好的营商环境提供了制度基础；安全应急产品储备管理制度可以从政府层面、社会层面增加安全应急物资储备，从而增加安全应急产业的市场需求；政府对产业在政策和资金上的扶持，可以间接和直接地增加要素条件，促进安全应急产业的发展。

（二）要素条件

要素条件主要指支撑安全应急产业发展的条件以及产业发展需要投入的人才、资金等要素，可以分为支撑条件和要素投入。

第一，支撑条件。支撑条件由产学研合作、安全生产标准、安全科技支撑平台、国际交流合作、社会组织和军民融合等因素组成。产学研合作是指企业、高等院校和科研院所之间的合作，通过产学研合作可以促使安全应急产业聚集创新资源，推动创新成果转移转化，从而在更多的技术和产品等方面取得突破，提升技术水平和产品质量；安全生产标准的制定能够更好地约束安全应急产业的生产活动，确保产品和服务的质量；安全科技支撑平台的建立，可以推动科技资源的开放共享，增强科技支撑能力；国际交流合作可以吸收更加先进的技术，借鉴安全应急产品的研发和生产方面的经验，促进产业的多样化发展；社会组织的建立，为政府与企业之间搭建了沟通的纽带，促进行业内的交流与合作，例如行业协会可以制定一定的规则，遏制行业内恶性竞争等不良现象的发生；军民融合可以更好地整合军地资源为企业所用，尤其是整合军队需求和军事先进技术的民用化方面，政府也明确提出发挥国防科技资源的力量，加快军工技术向安全应急领域转移，发展高科技的安全应急产品。

第二，要素投入。要素投入由科技因素和生产要素构成。科技因素受到创新驱动、智能化水平、科技资源、科技管理体制和科技创新基地的影响。创新驱动是推动产业持续发展的重要推动力量，尤其是我国经济增长动力正在从要素驱动转向创新驱动，任何产业发展都离不开创新的推动，创新的主要来源和直接动因是技术的变革和发展。现代科技、网络技术、人工智能的快速发展，为安全应急产业提高产业智能化水平提供了科技支持，智能化水平较高的企业为了保持技术竞争优势会选择增加研发投入，而企业的研发投入是创造异质性资源的源泉。同时，智能化程度高的企业或地区能够吸引较多的创新生产要素，持续带来更多的研发资本投入。推动 5G、人工智能、信息技术等先进智能化技术与安全应急产业的生产、销售、流通全过程深度融合，注重全过程科技创新，有利于提升安全应急产业科学技术水平，提高相关企业的产品与服务质量。科技资源是科技活动中各类投入要素的总称，包括人力、物力、财力以及组织、管理、信息等软、硬件要素，为科技活动提供了物质保障。科技管理体制有利于资源合理配置，关系到安全应急产业生产效率的提升和发展的质量，通过制定合理且完备的科技管理制度，为产业科技创新成果的涌现提供相应的制度环境，提高安全应急产业的发展水平。科技创新基地是安全应急产业通过技术创新、商业创新和管理创新，从而产出更多的创新性成果的重要载体，科技创新基地吸引和集聚创新型人才、科技资源，同时也实现了知识创新和科技成果的转移扩散。

生产要素包括人的要素、物的要素及其结合因素，安全应急产业需要人才、数字化水平和资金等要素资源。人才是先进生产力的核心，高素质人才能够加速知识转变为效用的进程，促进产业结构的优化。利用大数据、互联网等技术，数字化资源对于企业的信息收集和处理效率都有提升作用。数字化水平可以提升各部门间的松散耦合性，提升战略弹性。此外，数字化水平有助于企业获取技术资源，有助于提升外部投资者对企业的价值认同，促进企业价值的实现；生产过程不仅仅是材料的消耗，而且存在资金的消耗，资金主要来源于产业投资以及政府的资金支持。

（三）发展环境

发展环境主要包括营商环境和文化环境。

第一，营商环境。营商环境是产业和企业生存发展的土壤，包括投融资环境、信息共享环境、数字经济发展等因素。投融资环境包括影响投融资行为的各类条件：基本物质条件以及经济、立法、制度、服务等各方面的软环境。良好的投融资环境可以为产业的发展聚拢资源、吸引资金，为安全应急产业健康快速发展提供基础和保证。信息共享环境可以是产业链上从供应商到分销商的纵向信息共享，也可以是全社会的信息共享过程，企业可以在全社会收集到自己需要的信息，也可以向全社会共享自己的信息。信息共享降低了社会生产不必要的损失浪费，使资源得到最大化利用。数字经济发展可以为安全应急产业带来信息溢出、技术溢出、知识溢出等效应，降低生产要素跨区域流动成本，加强产业区域间联动，提升企业技术能力。另外，通过大数据、人工智能、区块链等新一代信息通信技术，企业可以针对市场的特性，精准把握经济发展走向，制定相应的措施以适应市场需要。

第二，文化环境。文化环境包括公民公共安全和风险意识、安全应急产业职业教育机构、应急教育基地和安全应急产业高等教育和研究。公民公共安全和风险意识的提升，有助于提高公众对安全应急产业的认知程度，增加应急产品的需求量，为安全应急产业发展塑造有利氛围。安全应急产业职业教育机构发挥着桥梁纽带的作用，助力打造安全应急产业企业、人才和技术的高地，重点培养安全应急产业发展需要的高层次研究型人才和大批技能型产业工人。应急教育基地建设是创新安全生产教育培训工作方法、聚力提高教育培训效果的又一重要举措，为应急管理、安全生产工作提供有力的技术支撑。安全应急产业高等教育和研究是国家应急能力建设的重要基础工程，为培养安全应急产业所需的高层次研究型人才和专业技术人才提供了基础保障。

（四）市场因素

市场因素包括需求拉动和市场秩序两个因素。需求是产品的起源和归宿，通过需求拉动可以激活市场活力、促进产业发展，应急物资的需求具有突发性和不确定性，事先无法得知物资的种类、数量，因此可以通过增加政府的采购力度、加大对安全应急产业的宣传、激发社会的储备需求等方式为安全应急产业的发展提供相对稳定的需求。市场秩序是安全应急产业稳定发展的基础性因素，塑造公平公正的市场秩序、抵制垄断和不正当竞争、加强知识产权保护等有利于资源的有效配置，促进产业稳定良好地发展。

第四节　本章小结

本书采用程序化扎根理论研究方法进行文献和政策编码，对安全应急产业的影响因素进行识别和分析，得出了影响因素相互作用关系和对产业发展的影响机理。研究结果显示：安全应急产业的发展受到政府、发展环境、要素条件、市场和产业内部多个因素的影响，有直接影响，也有间接影响。其中，产业因素和企业因素对其有着直接的影响。政府因素、发展环境、要素条件、市场因素对安全应急产业的发展主要起着间接的作用。各影响因素之间还存在相互作用，构成了一个复杂的影响因素体系。研究结果将为安全应急产业高质量发展的路径和对策体系设计提供理论支撑和依据。

第四章　安全应急产业高质量发展指数

基于上一章扎根理论分析得出影响河北省安全应急产业高质量发展影响因素，进一步分析安全应急产业高质量发展的各个要素，并选取重要影响因素构建安全应急产业高质量发展评价指数。本章根据安全应急产业的现阶段特征，进行多因素动态定性、定量分析和深入探讨，构建评价指数并运用熵值模糊综合评价方法，综合衡量安全应急产业高质量发展状况，从创新能力和发展绩效两方面对安全应急产业高质量发展状况进行评价。

第一节　安全应急产业高质量发展指数概论

根据安全应急产业链组成，运用专家评价法来选取安全应急产业高质量发展要素。邀请的专家分别有从事安全应急产品和服务的企业代表、应急管理部门行政人员、专门研究安全应急领域的专家学者、安全应急产业民间团体组织，从各自专业领域来分析安全应急产业高质量发展要素构成。此处以多数专家持类似意见为标准，判断各项要素的重要性。根据得分情况，分为创新能力评价和发展绩效评价两大模块。

一　创新能力评价

（一）创新支撑

综合国内外学者的研究可以发现，安全应急产业创新能力的研究成果较为丰富。学术界在研究广度上，不仅对安全应急产业技术创新支撑的现状进行了分析，还对创新支撑的动力机制、政治保障、制约因素和突破途径进行了探索。在研究深度上，学者建立了更为全面的安全应急产业创新能力评价指标体系，但在其指标的建立上出现了指标重复和评价难度大的问题，为实际的评价工作带来困难。目前，采用定量方式对科技支撑能力评价的研究还比较少，本章把焦点放在创新支撑上，通过对军民融合、社会组织、安全生产标准、国际交流合作、产学研合作、安全支撑平台建设、科技创新资本支持、科技创新管理体制、科技创新战略规划、安全应急产业技术研发机构等指标进行分析，从而形成全面客观的安全应急产业技术创新支撑评价体系。本书通过分析安全应急产业创新支撑的多个指标，从多个角度对创新支撑能力进行评价，弥补了现有定量研究局限于企业创新能力的不足。结合河北省应急产业技术的发展情况，进而能够有效解决现有研究对技术创新支撑评价效果不佳的问题，又能够为河北省安全应急产业高质量发展提供决策参考。

（二）创新环境

随着中国经济和社会的发展，公众自身的安全需求和政府对公共安全服务的需求在逐渐地发生变化，应急产品和服务的总消费需求在增加，社会对安全应急行业的需求趋于多层次和多样化，并将会带动安全应急产业结构不断升级。安全应急产业在不断升级的过程中，更需要一个良性的创新环境，从而促进安全应急产业的更新迭代。安全应急行业需求规模决定了其发展趋势，需求的多样性和等级决定了安全应急产业的多样性和等级。安全应急产业作为一个特殊产业，其竞争力情况与需求情况关联很大，因为安全应急产业只有建立在一定规模且能够持续创新的基础上，才能够获得自身不断的发展。随着社会经济的快速发展，政府、公众和企业对应急产品和服务的需求规模不断扩大，创新环境在不断变化，导致安全应急产业的创新升级。在创新环境中产业投资对于创新的进程起到关键的推动作用，另外科技创新资源、集群发展状况、信息共享环境、信息化发展水平对于产业创新也是起到必不可少的作用。

（三）创新投入

在我国安全应急产业高质量发展的过程中，创新是引领我国安全应急产业发展的第一生产力，而创新的组成环节有多个，除了创新支撑和创新环境外，本书研究的创新投入同样作为重要组成环节之一，在“较高”的影响程度上推动着我国安全应急产业的高质量发展。因此，为进一步促进我国安全应急产业的高质量发展，需要进一步提高创新投入对我国安全应急产业高质量发展的影响力。近年来，虽然我国安全应急产业科技创新资金不断增加，但是其经费来源较为单一。一方面，政府应当在未来加大对我国安全应急产业的资金投入力度，完善相关政策对资金投入力度的支持作用，建设一套完整的扶持安全应急产业科技创新的资金体系。另一方面，相关企业作为我国安全应急产业科技创新建设的重要组成部分，应加大资金投入力度，推动安全应急创新活动，进而扩大创新支撑力。此外，还应当强调对我国安全应急产业创新型人才的培养，提高该行业的工资报酬，吸纳杰出人才加入该行业。完善安全应急产业研究机制，努力为产业研究人员提供良好的学术环境，以期获得更大的创新成效。

（四）智能化水平

智能化水平是推动安全应急产业创新升级的强大动力。目前，该行业在逐步建立和完善安全应急产业数据库，通过物联网技术以及信息科学技术，在智能化平台实现信息共享，促进安全应急产品进行资源整合。包括建立安全应急产品的应急储备数据库，从中可获取应急预案的其他产品和其他具有生产制造能力的公司，将最终获取的应急预案信息和优质资源的数据储存在应急数据库中。此外，可利用智能化设施设备提供综合信息平台，将应急管理模式的多个方面连接成产业体系，实现设备和产品的生产、改造、工程建设、技术开发、专业服务保障等专业化方向，提高各类应急活动的总体规模和综合服务水平，提高应急技术响应有效性、应急产业智能技术创新度，进而促进安全应急产业高质量发展。

二　发展绩效评价

现阶段，在我国的大环境下安全应急产业仍然处于发展的初级阶段，存在很多问题。如创新技术不够、应急从业人员缺乏、产业标准不明确、政府和社会的支持滞后等影响安全应急产业的高质量发展进程。

（一）政策支持

安全应急产业是具有公益性的项目，处于发展的初期阶段，产业高质量发展的总体模式需要政府起主导的作用。国务院在《关于全面加强应急管理工作的意见》等一系列文件中对发展安全应急产业提出了要求，同时在关于加强防灾减灾、安全生产、环境保护等文件中也对安全应急产业相关内容进行了部署。工信部、发展改革委、科技部、公安部、安全生产监督管理总局等出台了与安全应急产业高质量发展紧密相关的措施。政府也高度重视安全应急产业，加快制定并完善安全应急方面的方针政策，安全应急产业、技术、服务逐渐呈现蓬勃发展的局势，政府应加大投资引导，带动地方和企业投融资，并做好扶持与激励政策，加大对安全应急产业的资金支持。安全应急产业的总体发展模式即以政府为主体，遵守市场化的运行机制，发现潜在需求，完善市场整体功能，以智能化、信息化技术手段，做好技术与服务一体的安全应急产业规范化管理。另外，政府应切实落实国务院关于加强应急管理工作的意见，加快引导各单位机构和地方加强应急管理工作，推动安全应急产业的高质量发展。

（二）要素投入

安全应急产业的要素投入主要包括发展所需的人力、科技、资本等基本要素，安全应急产业高质量发展与生产要素、科技资源应用所发挥的作用和效能有着直接的关系。对于安全应急产业的从业人员培训很早就开始了，但是效率却一直很低，在人员培训和发展速度与规模上，远远不能满足社会的需求，因此安全应急从业人员的数量以及规模结构仍然有很大的发展与改善空间。不仅要逐渐普及应急教育，加大应急教育的培训覆盖面，也应该提高安全应急从业人员的整体素质。为了适应安全应急产业高质量发展竞争力的发展要求，必须进一步加强应急管理中高水平人才的使用，建立一套标准的产业管理体制，形成大规模有秩序的突发事件应急管理工作。

（三）发展环境

安全应急产业目前发展势头不足，需要有一个良好的发展环境才能增强企业竞争力。发展环境主要包括文化环境以及资源环境。文化环境包括公民公共安全和风险意识、安全应急产业职业教育机构、应急教育基地和安全应急产业高等教育和研究状况等。说到底，安全应急产业高质量发展的基本思想是以人为本，包括安全应急产业的从业人员和社会全体公民，应急管理是全社会和公共管理的关键环节，良好的应急教育培训和应急管理体制有助于产业的蓬勃发展，从而创造稳定的社会环境，以应对突发事件。资源环境包括安全应急产业相关的科技资源，以及市场资源。

（四）产业规划

在当前经济一体化阶段，产业竞争力体现在资本、人力、技术、管理等多个方面，其上下游相关支撑产业的健全和协调是安全应急产业保持竞争优势的关键。安全应急产业得到发展的同时，也可以带动其上下游产业，为上下游产业注入新的动力。安全应急产业是涉及服务业、制造业、金融业等相关行业的综合性产业，众多行业构成安全应急产业链。在这条链上实现各个产业资源共享、信息互通，在突遇应急事件的情况下，应急产业链才能保持较高水平的运行能力，高效处理完成应急任务。安全应急产业覆盖面广、带动力强，最终的目的是为社会提供应急产品和服务，做好应急事件的事前预防、事中应对和事后恢复工作，高效及时地满足社会的救援活动。因此，应急产业链需要高度的敏锐性和判断力，在安全应急产品和服务方面的配套产业形成协同效应。安全应急产业上下游产业整体竞争力的提高将促进安全应急产业的发展，相关配套产业也将获得持续发展，从而实现产业上下游之间良好的合作关系。通过加强行业内部组织的驱动效应和自下而上的外部和内部放大效应，形成一个相互制约、相互促进的具有竞争优势的产业链。

第二节　安全应急产业高质量发展评价指标体系构建

一　安全应急产业高质量发展指标体系构建

本节主要从创新能力和发展绩效两方面对安全应急产业高质量发

展情况进行评价，从而对安全应急产业进行探究。

（一）创新能力

创新能力方面主要就创新支撑、创新环境、创新投入和智能化水平进行评价探究（见表 4-1）。

表 4-1　　创新能力评价指标体系

目标层	一级指标	二级指标
安全应急产业创新能力评价	创新支撑	军民融合
		社会组织
		安全生产标准
		国际交流合作
		产学研合作
		安全支撑平台建设
		科技创新资本支持
		科技创新管理体制
		科技创新战略规划
		安全应急产业技术研发机构
	创新环境	产业投资
		科技创新资源
		集群发展状况
		信息共享环境
		信息化发展水平
		安全应急产业基地
		安全应急创新人才培养
		全民公共安全和风险意识
	创新投入	技术先进程度
		安全应急产业专利数
		科技创新基地数量
		安全应急产业技术创新投入
		安全应急产业研发人力投入
		安全应急产业研发机构数量
	智能化水平	设施设备智能化水平
		安全应急技术响应有效性
		安全应急产业智能技术创新度

1. 创新支撑

创新支撑方面主要包括军民融合、社会组织、安全生产标准、国际交流合作、产学研合作、安全支撑平台建设、科技创新资本支持、科技创新管理体制、科技创新战略规划、安全应急产业技术研发机构。军民融合主要指国防和军队现代化建设融入经济社会发展体系，可以更好地整合军地资源为民所用。社会组织的发展，为政府与企业之间搭建起了沟通的纽带，促进行业内的交流与合作，加强信息交流，共同开创市场发展的新局面。安全生产标准的制定更好地约束了安全应急产业的规范生产，确保了安全应急产品的质量。国际交流合作可以吸收更加先进的技术以及安全应急产品，促进产业的多样化发展。产学研合作是指企业、高等院校和科研院所之间的合作。产学研合作对战略新兴产业的发展起着促进作用，安全应急产业为其更多的技术和产品等方面进行研究突破，转化技术水平和产品质量，促进产业的形成与发展。安全支撑平台建设推动科技资源的开放共享，增强科技支撑能力。应急产业科技创新包括管理创新、技术创新、战略创新等各个方面，因此需要国家的政府以及巨大的资金支持。完善的科技创新体制能够优化资源配置、促进创新活动涌现、提高创新效率，是创新能力评价的重要指标。科技创新战略规划是指科技创新需要有正确的方针战略，战略规划为应急产业的创新升级提供了一个重要的方向。为了形成完整的应急产业链，需要掌握更多的应急技术，安全应急技术研发机构的数量就成为安全应急产业创新能力的重要评价指标。

2. 创新环境

创新环境方面主要包括产业投资、科技创新资源、集群发展状况、信息共享环境、信息化发展水平、安全应急产业基地、安全应急创新人才培养、全民公共安全和风险意识。产业机构需要参与安全应急产业管理、协助产业制定发展战略和战略规划。应急产业目前也在不断地建立数据库，逐步完善科技资源，在应急产业硬件和软件方面不断推进智能化水平，推动科学技术水平与发展。产业集群发展促使产业链的专业切分更细，将产业链上下游企业的核心竞争力更好地体现出来，整合安全应急资源将产业中不同结构、不同内容的资源进行有机地融合，使产业链更具效率和价值。整合资源受到整合存量资源和整合优势资源的影响；区域优势的构建，完善了产业的区域性循环发展网络。信息共享环境才能使创新资源得到最大化的利用，通过信息平台提供综合信息，将应急管理模式形成产业体系。信息化发展水平的提高可以为应急产业创新提供更大的发展空间，实现各种信息共享理念。安全应急产业基地的数量也能反映出创新能力的情况。在创新环境中人才是一个关键的因素，应急产业的发展需要高水平的研究人才，但对于应急产业的职业教育并未完善，因此需要加强应急教育提高全民的公共安全和风险意识，促进安全应急产业的多样化高质量发展。

3. 创新投入

安全应急产业技术投入方面主要包括技术先进程度、应急产业专利数、科技创新基地数量、应急产业技术创新投入、应急产业研发人力投入、应急产业研发机构数量等几个评价指标。技术先进程度直接决定安全应急产业创新的发展进程。应急产业专利数即产业相关领域有效发明专利的数量，表明创新的投入力度大小。科技创新基地是科技资源的聚集地，科技资源是科技活动中各类投入要素的总成，包括人力、物力、财力以及组织、管理、信息等软、硬件要素。它为科技活动提供了物质保障，科技资源配置关系到生产效率的提高和安全应急产业的发展。安全应急产业创新需要大量的技术创新，只有加大技术创新投入力度才能促进产业升级创新，而应急产业属于劳动密集型产业，需要大量产业研发机构以及研发人才，因此需要更多的高水平研发人才，应急产业技术进步的进程中人才是发展的关键因素，培养具备理论性和实践应用相结合的复合型人才是安全应急产业高质量发展的关键任务。

4. 智能化水平

智能化水平方面主要从设施设备智能化水平、应急技术响应有效性、应急产业智能技术创新度三个指标进行评价。智能化水平是事物在网络、大数据、物联网和人工智能等技术的支持下，所具有的能动地满足人的各种需求的属性。现代科技、网络技术、人工智能的快速发展，为安全应急产业的科学发展提供了技术支撑，智能化是推动安全应急产业的强大内在动力。应急产业是一切对人类的生命或者财产造成威胁的不确定事件，因此要在事故发生前对应急事件做出准确的预防，在事故发生时能够立即响应提供及时有效的救援活动，在事故发生后要进行应急恢复工作，保障应急救援的成功顺利完成，而这一系列的事件发生前后都需要利用应急资源包括为救援活动提供所有的服务和软硬件支撑，设施设备的智能化程度可以为应急事件提供极大的帮助，对于应急事件的响应时间极大地考验应急技术的有效性，应急技术针对不同的事故需要进行不断的升级创新。

（二）发展绩效

发展绩效评价主要从政策支持、要素投入、发展环境和产业规划四方面进行评价（见表4-2）。

表4-2　发展绩效评价指标体系

目标层	一级指标	二级指标
安全应急产业发展绩效评价	政策支持	政府扶持政策增长率
		企业吸收投融资增长率
		税收优惠比例
		政府监督影响度
		政府资金支持增长率
	要素投入	安全应急产业从业人员增长率
		安全应急产业技术人员投入增长率
		安全应急产业从业人员接受培训占比
		安全应急产业总资产
		安全应急产业年平均资产利润
		安全应急产业基础设施总资产
		安全应急产业基础设施总资产年增长率
		安全应急产业科技创新基地数量
		安全应急产业创新投入占比

续表

目标层	一级指标	二级指标
安全应急产业发展绩效评价	发展环境	安全应急教育基地数量
		安全应急产业国际交流合作程度
		设备智能化水平
		安全应急管理信息化程度
		企业市场竞争力
		国际资源利用率
		安全应急教育培训频率
		全民公共安全和风险意识
		安全应急管理高等教育和研究情况
		安全应急产业职业教育机构数量
		安全应急预防与保障能力
	产业规划	产业链上下游产业产值增长率
		产业链协助度
		安全应急产业相关企业数量增长率
		安全应急产业基地增长率
		安全应急产业资源整合程度
		产业集聚发展情况

1. 政策支持

政策支持方面主要包括政府扶持政策增长率、企业吸收投融资增长率、税收优惠比例、政府监督影响度、政府资金支持增长率等指标进行评价。

政府扶持政策增长率是从政策的数量上衡量我国政府对应急产业关注度与引导、刺激和激励的力度。政府扶持政策增长率即本年度政府颁布安全应急产业扶持政策数与上年度政府颁布安全应急产业扶持政策数之差占上年度政府颁布安全应急产业扶持政策数的百分比。企业吸收投融资增长率综合衡量应急产业通过吸纳社会资本建设发展的宏观变化指标，通过考察逐年社会资本的注入增长率侧面体现我国政府对应急产业招商引资方面的支持与激励。企业吸收投融资增长率即本年度应急企业吸收社会资本与上年度应急企业吸收社会资本的差值占上年度应急企业吸收社会资本的百分比。税收优惠比例反映我国政府通过减免税收的政策对应急企业的扶持力度。税收优惠比例是应急产业减免税收总额在应急产业总销售额中的占比。政府监督影响度是从国家监督相关政策法规数量上评价我国政府对应急产业管理与监督的能力。政府资金支持增长率是体现政府对于安全应急产业总体资金的支持力度。政府资金支持增长率即本年度政府资金支持总资产数与上年度政府资金支持总资产数之差占上年度政府资金支持总资产数的百分比。

2. 要素投入

要素投入方面主要包括应急产业从业人员增长率、应急产业技术人员投入增长率、应急产业从业人员接受培训占比、应急产业总资产、应急产业年平均资产利润、应急产业基础设施总资产、应急产业基础设施总资产年增长率、应急产业科技创新基地数量、应急产业创新投入占比 9 个二级指标。

应急产业从业人员增长率显示了应急产业从业人员的增长情况，能够整体反映应急产业总体人力资源概况。应急产业从业人员增长率即本年度应急产业从业人员数量与上年度应急产业从业人员数量之差占上年度应急产业从业人员数量的百分比。应急产业技术人员投入增长率反映出应急产业方面高水平人才的培养力度，应急产业技术人员投入增长率即本年度应急产业技术人员投入数量与上年度应急产业技术人员投入数量之差占上年度应急产业技术人员投入数量的百分比。应急产业从业人员接受培训占比反映出应急产业人员的应急教育程度。应急产业从业人员接受培训占比即应急产业接受培训的从业人员占全体应急产业从业人员的百分比。应急产业总资产是指应急产业拥有或控制的所有资产，包括流动资产、长期投资、固定资产、无形资产和递延资产、其他长期资产、递延所得税等，即为产业中企业的资产负债表的资产总计项。应急产业的总资产表示应急产业的经营规模，历年总资产对比也可以反映出应急产业的持续经营能力和发展趋势。应急产业年平均资产利润可以客观地评估应急产业的经营情况。应急企业是应急产业的生产主体，应急企业只有在不断提高经营管理水平和盈利能力，才能促进整个应急产业链的发展。应急产业基础设施总资产是包括应急产业各产业基础设施总资产，是衡量应急产业基础设施规模的重要指标。应急产业基础设施总资产年增长率是应急产业基础设施资产总和的逐年增长率，应急产业基础设施总资产年增长率即应急产业基础设施资产年增长额占应急产业基础设施原有资产总额的百分比。应急产业科技创新基地数量是衡量应急产业对科技创新的关注度。应急产业创新投入占比是指应急产业用于技术创新的投入占应急产业总投入的百分比，应急产业与互联网进行深层次融合，通过物联网、云计算等新兴信息技术，使应急产业的信息平台更加完善，直接推动了安全应急产业的高质量发展进程。

3. 发展环境

发展环境方面包括应急教育基地数量、应急产业国际交流合作程度、设备智能化水平、应急管理信息化程度、企业市场竞争力、国际资源的利用率、应急教育培训频率、全民公共安全和风险意识、应急管理高等教育和研究情况、安全应急产业职业教育机构数量、应急预防与保障能力 11 个二级指标。应急教育基地建设是创新安全生产教育培训工作方法、聚力提高教育培训效果的又一重要举措，为应急管理、安全生产工作提供有力技术支撑，更好地服务于经济社会高质量发展。应急产业国际交流合作程度反映出应急产业的多样化发展进程，加强信息交流，吸收更加先进的技术以及安全应急产品的种类，共同开创市场发展的新局面。设备智能化水平是安全应急产业与互联网进行深层次融合，通过物联网、云计算等新兴信息技术，使应急产业的信息平台更加完善，直接推动了应急产业的发展进程。应急管理信息化程度是指应急相关产业的各种信息平台系统，通过信息共享，加快应急产业的不断创新，实现核心点和最重要装备技术的技术基础。企业市场竞争力反映企业间的竞争与合作情况，有利于企业形成持久的竞争优势，更好地整合资源，促进产业的蓬勃发展。国际资源的利用率反映出应急产业的吸收先进资源技术的能力，带动产业的多样化发展。应急教育培训频率反映出公众对于公共安全应急产业的认知程度。全民公共安全和风险意识是对突发事件的预防能力，可于事前将风险降到最低，将风险快速得到控制并最大限度地降低损失。应急管理高等教育和研究情况是在师资、生源、就业、课程建设、人才培养等方面整合高等教育资源，促进高等教育资源共享和协同合作。安全应急产业职业教育机构数量是反映应急产业高层次研究人才和专业技能型人才培养力度。应急预防与保障能力是指在遇到突发事件的应急预防管理以及对意外的应急保障。

4. 产业规划

产业规划方面包括产业链上下游产业产值增长率、产业链协助度、应急产业相关企业数量增长率、安全应急产业基地增长率、安全应急产业资源整合程度、产业集聚发展情况、安全应急服务业发展情况 7 个二级指标。产业链上下游产业产值增长率描述应急产业的上游与下游产业的生产与发展状态。产业链上下游产业产值增长即本年度上下游产业生产总值与上年度上下游产业生产总值差值与上年度上下游产业生产总值的比值。产业链协助度是反映安全应急产业的产业链效率，是对产业链的整体评估。应急产业相关企业数量增长率通过对应急产业相关企业的数量发展趋势的量化指标，直接反映应急产业相关产业内部提升效益。应急产业相关企业数量增长率即本年度应急相关企业总数与上年度应急相关企业总数的差值与上年度应急相关企业总数的比值。安全应急产业基地增长率是反映对安全应急产业的基地建设投入力度，安全应急产业基地增长率即本年度安全应急产业基地数量与上年度安全应急产业基地数量差值与上年度安全应急产业基地数量的比值。安全应急产业资源整合程度是坚持在政府的正确引导下，整合人力、资本、技术各方资源，加快技术创新型应急产业基地的建设。产业集聚发展情况是反映在一种网状结构中产业中的各个要素人流、物流、信息流、资金流的高度协同互助模式。安全应急服务业发展情况是反映安全应急产业的基础建设，安全应急服务业是应急产业中与人力、技术并重的因素，为安全应急产业发展提供坚实基础。

第三节 安全应急产业高质量发展指数测算方法

一 测算方法

对于安全应急产业竞争力的评价方法有很多，包括模糊综合评价法、层次分析法（AHP）、因子分析、主成分分析、数据包络法（DEA）等，本节会对每个方法进行分析，最终选取最适合安全应急产业高质量发展竞争力评价的方法。

（一）模糊综合评价法

模糊综合评价法是一种以模糊数学为基础，对各级指标评价体系进行全面评估，把定性评价转化为定量评价的综合评价方法。此方法具有系统性强、考虑全面、结果清晰等特点，适用于解决各种不确定的问题。在使用此方法进行选址时，首先要进行综合指标体系的构建，其次再确定好权重后形成评价矩阵，经过合成计算后选取较高的分数，作为物流分拨中心的备选位置节点方案。

（二）层次分析法

层次分析法具有系统性、综合性、层次性的定性和定量相结合的分析方法。这种方法的特点就是在对复杂决策问题的本质、影响因素及其内在关系等进行深入研究的基础上，利用较少的定量信息使决策的思维过程数学化，从而为多目标、多准则或无结构特性的复杂决策问题提供简便的决策方法。层次分析法的计算方法可概括为四个主要步骤，分别为影响因素的构建、获得判断矩阵、计算指标权重以及计算评价结果。

（三）因子分析

因子分析是通过研究众多变量之间内部的依赖关系，用少数相互独立、易于解释而且起到根本作用的不可观察的因子来概括描述数据，从而表达一种相互关联的变量。另外，在通常情况下这些相关因素并不能直接观测到。简单来说，因子分析是用少数的，相对独立且不可观测的隐变量来结束原始变量之间的相关性和协方差的关系，因子分析主要是研究相关系数矩阵内部的依赖关系，把复杂烦琐的关系变量简化成几个具有综合性因子的统计方法。运用这种研究方法我们可以很快地找到影响问题的主要关键因素。

（四）主成分分析

主成分分析是一种探究性方法，就是把原有的多个指标转化成几个少数代表性较好的综合指标，而且这几个少数的指标能够反映原来指标中大部分的信息，大约至少85%，并且各个指标之间保持相对独立，这样可以避免因指标复杂而出现重叠信息，主成分分析主要是起着降维和简化数据结构的作用。

（五）数据包络法（DEA）

数据包络法是针对多投入和多产出问题，利用线性规划的方法。对具有可比性的同类型单位进行相对有效性评价的一种数量分析方法，是一种基于线性规划的用于评价同类型性指标绩效的相对有效性的特殊工具手段。这类组织各自具有相同或者相近的投入产出比这个指标，当各自的投入产出数据可以折算成同一单位进行计量时，容易计算出各自的投入产出比，并且按照大小顺序进行排序。数据包络法以相对效率为基础，分析线性规划为工具，计算出具有相同类型的决策单元之间的相对效率，并且依据得到的结果对评价对象作出评价，DEA方法以其独特的优势受到众多学者的青睐，但在使用过程中也有很多的局限性。

二 测算方法对比分析

对测算方法的优缺点进行对比分析，如表4-3所示。

表4-3 测算方法优缺点对比

方法	优点	缺点
模糊综合评价法	解决判断的模糊性的不确定性的问题，克服了传统数学方法结果单一性的缺陷，得到的结果包含丰富的信息可供参考	只适用于元素较少的指标体系，当同一层次指标过多时，容易使决策者矛盾思想混乱，从而做出错误的判断，使判断矩阵表现出不一致的现象

续表

方法	优点	缺点
层次分析法（AHP）	方法比较简单，表现形式清晰浅显易懂，易于被人们接受，因此得到广泛应用	只适用于元素较少的指标体系，当同一层次指标过多时，容易使决策者矛盾思想混乱，从而做出错误的判断，使判断矩阵表现出不一致的现象
因子分析	消除了各个指标之间的相互影响作用，从而避免了信息量的重复，具有客观性，得出来的结果比较严谨	因子模型中的各公因子是不可观测到的隐变量，而且得到的评价结果只能适用于在总体内的排序，不适用于样本容量较少的情况，而在本书建立的评价指标有些只有几个，因此并不适用
主成分分析	利用了降维技术用几个综合变量来代替原始的多个变量。从而简化了研究过程，使变量清晰易懂，能够客观地对经济现象进行科学评价，侧重于信息贡献影响力综合评价	在评价的过程中，当主成分的因子负荷的符号有正负的情况下，综合评价函数的意义就非常的不明确
数据包络法（DEA）	以决策单元的输入输出权数为变量，决定各指标的优先意义，从而确定这种情况下的权数，评价结果具有客观性	该评价方法具有相对有效性，与实际的评价要求不一致

三　安全应急产业高质量发展竞争力测算

在安全应急产业竞争力评价指标体系模型构建完成后，应该选择适合的评价方法，对安全应急产业竞争力进行评价。上面我们分析了各个评价方法的优点与缺点，根据安全应急产业综合性的特点，在这里运用熵值模糊综合评价方法对安全应急竞争力进行评价，首先采用了熵值法确定各级指标的权重，通过模糊综合评价法对安全应急产业竞争力进行评价。

（一）评价体系中的指标权重——熵值法

在信息论中，熵是对不确定性的一种度量。在选取指标时，通常都是人为选取指标。熵值法是一种客观加权方法，因此指标权重的确定是基于自己的数据，避免了人为的主观不确定性。根据熵的特性，可以通过计算熵值来判断一个事件的随机性及无序程度，也可以用熵值来判断某个指标的离散程度，指标的离散程度越大，该指标对综合评价的影响（权重）越大，其熵值越小。建立了安全应急产业竞争力评价指标体系后，下一步需要选择合适的方法来确定指标权重。

（1）确定评价因素集。假定需要评价 m 个时间点内 n 项评价指标的指标体系，每一个时间点对应各评价指标的数据集合为：$U_i=\{u_{i1}, u_{i2}, \cdots, u_{ik}\}(i=1, 2, \cdots, k)$。于是得到评价系统的初始数据矩阵 $X=\{x_{ij}\}(0\leqslant i\leqslant m, 0\leqslant j\leqslant n)$。

（2）确定指标权重。设因素集中的指标 u_i 的权重为 w_i，其权重集为 $w_i=\{w_1, w_2, \cdots w_k\}$，$0<w_i<1$。假设指标层的指标 u_{ij} 的权重为 $w_{ij}(i=1, 2, \cdots, k; j=1, 2, \cdots, n)$，则其权重集为 $w_{ij}=\{w_{i1}, w_{i2}, \cdots, w_{in}\}$，$0<w_{ij}<1$。

（3）计算各指标比重 p_{ij}。根据公式 $p_{ij}=\dfrac{x_{ij}}{\sum_{i=1}^{m}x_{ij}}$ 对标准化样本数据进行同度量化处理。

（4）计算第 j 项指标的熵值。根据公式 $e_j=-k\sum_{i=1}^{m}p_{ij}\ln(p_{ij})$ 计算第 j 项指标的熵值 e。其中，k 与 m 有关，且 $k=\dfrac{1}{\ln m}$。

（5）计算第 j 项指标的差异系数。对于第 j 个指标，指标值 x_{ij} 的差异越大，对方案评估的影响越大，熵值越小，即 g_j 越大，指标越重要。根据公式 $g_j=1-e_j$，可得指标差异系数值。

（6）得到指标权重，根据公式 $w_j=\dfrac{g_j}{\sum_{i=1}^{m}g_j}$。

（二）测算方法——模糊综合评价法

1. 具体方法

（1）确定评价对象的因素论域。设 N 个评价指标，$X=(X_1, X_2, \cdots, X_N)$。

（2）确定评语等级论域。设 $A=(W_1, W_2, \cdots, W_K)$，每一个等级可对应一个模糊子集，即等级集合。

（3）建立模糊关系矩阵。在构造了等级模糊子集后，要逐个对被评事物从每个因素 $X_i(i=1, 2, \cdots, n)$ 上进行量化，即确定从单因素

来看被评事物对等级模糊子集的隶属度（$R|X_i$），进而得到模糊关系矩阵 R，其中，第 i 行第 j 列元素，表示某个被评事物 X_i 从因素来看对 W_j 等级模糊子集的隶属度。

（4）确定评价因素的权向量。在模糊综合评价中，确定评价因素的权向量：$U=\{u_1, u_2, \cdots, u_n\}$。在信息论中，熵是对不确定性的一种度量。在选取指标时，通常都是人为选取指标。熵值法是一种客观加权方法，因此指标权重的确定是基于自己的数据，避免了人为的主观不确定性。根据熵的特性，可以通过计算熵值来判断一个事件的随机性及无序程度，也可以用熵值来判断某个指标的离散程度，指标的离散程度越大，该指标对综合评价的影响（权重）越大，其熵值越小。

（5）合成模糊综合评价结果向量。利用合适的算子将 U 与各被评事物的 R 进行合成，得到各被评事物的模糊综合评价结果向量 B 即：$U \bigcirc R=(b_1, b_2, \cdots, b_m)=B$。其中，$b_1$ 表示被评事物从整体上看对 W_j 等级模糊子集的隶属程度。

（6）对模糊综合评价结果向量进行分析。实际中最常用的方法是最大隶属度原则，但在某些情况下使用会有些牵强，损失信息很多，甚至得出不合理的评价结果。提出使用加权平均求隶属等级的方法，对于多个被评事物并可以依据其等级位置进行排序。

2. 示例

我们已知针对安全应急产业高质量发展竞争力评价的指标分为三级，从创新能力和发展绩效两方面进行评价。

（1）评价对象的因素集。

我们已知针对安全应急产业高质量发展竞争力评价的指标分为三级，从创新能力和发展绩效两方面进行评价。

二级指标分别为：

$I=\{$支撑因素，科技投入，智能化水平，政策支持，产业规划，外部因素$\}$

三级指标分别为：

$U_1=\{$产学研合作，安全支撑平台建设$\}$

U_2 = {应急产业研发投入，应急产业专利数，应急产业研发机构数量}

U_3 = {设施设备智能化水平，应急产业智能技术创新度，应急技术响应有效性}

U_4 = {政策法规影响度，政府干预影响性}

U_5 = {安全应急服务业发展，集聚发展情况，安全应急产业资源整合}

U_6 = {企业市场竞争力，国际资源的利用率，应急教育情况}。

（2）评价对象的评语集。

这里假设评语等级为 4 个等级，V = {好，较好，一般，差}，即 V = {V_1，V_2，V_3，V_4} = {好，较好，一般，差}。

（3）评价因素的权重。

根据熵值法可知二级指标的权重，我们还需要二级指标的权重和三级指标的权重最终得到现代化水平各级权重结果。

第四节　本章小结

本章通过分析安全应急产业高质量发展的竞争力，探究安全应急产业高质量发展能力。安全应急产业的复杂性与综合性决定了安全应急产业的高质量发展受多方面因素影响，通过建立安全应急产业高质量发展竞争力三级评价指标体系，从创新能力和发展绩效两方面对河北省安全应急产业高质量发展竞争力进行评价，从而探究安全应急产业高质量发展能力。

第五章　安全应急产业高质量发展与产业政策

安全应急产业政策是国家干预应急产业的一系列政策，其目的是为了促进安全应急产业的长效发展。政策制定的主体是国家政府相关部门，该层面的政策属于高效力层次的干预性、引导性、规范性政策。一方面，通过安全应急产业政策满足应对突发事件时的安全应急物资水平的需求，提升安全应急能力；另一方面通过政策影响，激发安全应急市场的活力和社会公众的安全应急需求，通过市场手段促进安全应急产业的发展，实现产业的经济效应。我国安全应急产业及相关政策已经取得了一定程度的效果。国内关于安全应急产业政策的研究大多数集中在安全应急产业宏观战略角度的探讨。随着政府对安全应急产业重视程度的提高和安全应急产业政策不断出台，我国安全应急产业已经处于初步发展阶段，仅仅从定性角度来研究安全应急产业政策已不能满足安全应急产业迅猛发展的态势，对安全应急产业政策的定量研究是主要趋势。

第一节　基于演化博弈的安全应急产业政策分析

一　基于演化博弈的政策研究现状

积极有效地做好突发事件发生后的保障工作，有针对性地提高新时期安全应急产业的生产能力、保障能力和调配能力，是实现高效应对各类突发事件的重要保障。然而，安全应急产业建设是一项复杂的工程。与传统的经典演化博弈理论不同，演化博弈论结合了演化生物学和理性经济学的思想，把博弈主体看作有限理性的，Friedman[①] 和 Fudenberg[②] 认为参与主体可以通过不断的试错和学习达到博弈均衡。Fisher[③] 在不依赖任何理性假设的前提下对动物和植物的冲突和合作行为进行博弈分析，这是演化博弈理论的最早应用。随着演化稳定策略[④]以及模仿者动态[⑤]这两个概念的提出和拓展，动态化成为演化博弈发展的重要内容。在研究政府和企业作为参与主体的问题时，演化博弈理论应用得特别广泛，特别是在新能源汽车、电力能源、公共卫生、环境治理等领域。政府与企业作为安全应急产业发展的直接利益相关者，双方会根据自身利益进行决策，最优的策略选择能让企业和政府共同获得长远利益。

目前，学者在研究政府决策行为对企业层面的影响时，较多地使用演化博弈模型。学者将政府部门实施的政策以及获得的损失和收益等这些参数转化为具体的数值，建立数学模型并计算推导出各主体之间稳定的相互关系。本章旨在研究政府政策下安全应急产业相关企业的战略选择问题。影响政府和企业合作因素的研究有很多，例如，Adida 等[⑥]构建了一个非合作博弈模型，研究在需求不确定条件下某组织的公共应急物资储备问题，发现该博弈模型在一定程度上可以降低库存成本。Du 等[⑦]从合作利益、奖惩因素和协调成本等角度对演化稳

---

① Friedman, D., "Evolutionary Games in Economics", *Econometrica*, 1991, 59 (3): 637-666.

② Fudenberg, D. and Tirole, J., *Game Theory*, Cambridge: The MIT Press, 1991.

③ Fisher, R. A., *The Genetic Theory of Natural Selection*, Oxford: Clarendon Press, 1930.

④ Smith, J. M. and Price, G. R., "The Logic of Animal Conflict", *Nature*, 1973, 246 (5427): 15-18.

⑤ Taylor, P. D. and Jonker, L. B., "Evolutionary Stable Strategies and Game Dynamics", *Mathematical Biosciences*, 1978, 40 (1-2): 145-156.

⑥ Adida, E., DeLaurentis, P. C., Lawley, M. A., "Hospital Stockpiling for Disaster Planning", *IEEE Transactions*, 2011, 43 (5): 348-362.

⑦ Du, L. Y., Qian, L., "The Government's Mobilization Strategy Following a Disaster in the Chinese Context: An Evolutionary Game Theory Analysis", *Natural Hazards*, 2016, 80 (3): 1411-1424.

定策略进行具体分析。Coskun 等[①]通过模拟两个人道主义救援机构在库存短缺下库存转移合作方面的博弈，来确定两者的最优应急物资库存数量。灾后恢复重建的关键是援助机构之间的有效合作，Heetun 等[②]借助演化博弈模型发现救灾机构的合作受到博弈方的声誉和合作潜力的影响。Yang 等[③]在研究国家可再生能源项目的发展上，指出政府部门的激励政策中一次性补贴发挥着重要作用。Qiu 等[④]通过建立演化博弈和系统动力学模型，探索地方应急管理部门和物流企业自发跨区域调度应急物资最优的决策方案，同时指出经济奖惩对跨区域协调调度具有决定性影响。基于近年来爆发的新冠疫情背景，一些学者如梁雁茹、刘亦晴[⑤]为探讨医疗防护用品市场监管动态机制构建了政府—防护用品企业—消费者的三方博弈模型，并引入两种激励形式，研究表明，非线性的动态惩罚补贴机制的激励效果最好。基于动物疫情公共危机的背景，李燕凌、丁莹[⑥]运用演化博弈理论构建政府—网络媒体—社会公众模型，探讨各主体行为对社会信任修复机制的影响。Fan 等[⑦]指出，政府应对突发公共卫生事件的关键是提供政策性

---

① Coskun, A., Elmaghraby, W., Karaman, M. M., et al., "Relief Aid Stocking Decisions under Bilateral Agency Cooperation", *Socio-Economic Planning Sciences*, 2019, 67: 147-165.

② Heetun, S., Phillip, F., Park, S., "Post-disaster Cooperation Among Aid Agencies", *Systems Research and Behavioral Science*, 2018, 35 (3): 233-247.

③ Yang, D., Jiang, M., Chen, Z., Nie, P., "Analysis on One-off Subsidy for Renewable Energy Projects Based on Time Value of Money", *Journal of Renewable and Sustainable Energy*, 2019, 11 (2).

④ Qiu, Y., Shi, M., Zhao, X. N., Jing, Y. P., "System Dynamics Mechanism of Crossregional Collaborative Dispatch of Emergency Supplies Based on Multi-agent Game", *Complex & Intelligent Systems*, 2021, 2.

⑤ 梁雁茹、刘亦晴：《COVID-19 疫情下医疗防护用品市场监管演化博弈与稳定性分析》,《中国管理科学》2020 年第 10 期。

⑥ 李燕凌、丁莹：《网络舆情公共危机治理中社会信任修复研究——基于动物疫情危机演化博弈的实证分析》,《公共管理学报》2017 年第 4 期。

⑦ Fan, Y., Yang, S., Jia, P., "Preferential Tax Policies: An Invisible Hand behind Preparedness for Public Health Emergencies", *International Journal of Health Policy and Management*, 2022, 11 (5): 547-555.

优惠，特别是税收优惠政策。Zhang 等[①]借助演化博弈模型分析政府与疫苗制造商两者之间的动态互动机制，评估在不同监管模式下的政府监管质量。祁凯、杨志[②]运用演化博弈理论，构建了网络媒体与地方政府双方演化博弈模型，创建了突发危机事件网络舆情治理的多种情景，引入中央政府惩罚机制，发现在惩罚力度高于地方政府的监管投入成本时，地方政府会采取积极监管措施，并为政府部门应对突发危机事件网络舆情提出治理建议。

在研究突发事件带来的各类安全应急问题时，学者多结合情景来进行科学的推演和分析。常丹等[③]基于社会安全类突发事件演变的不确定性特征，融合情景理论来结构化表示该类事件，并分析社会安全类突发事件情景演化的驱动要素及方式。You 等[④]通过研究中国煤炭企业内部安全检查体系中各利益相关者之间的互动，进一步分析了不同情景下利益相关者互动的稳定性。Fei 等[⑤]借助 Dempster-Shafer 理论扩展并基于案例的推理（CBR）来预测应急物资的需求，提出自然灾害情景匹配方法，用于在缺乏有效决策数据的情况下的自然灾害相关损失预测。

从以上文献可以看出，演化博弈方法在研究应急管理问题时也常被使用，涉及的演化主体有政府、企业、社会组织和公众等，通过对参与主体的演化稳定策略进行分析，为解决安全应急产业管理问题提供科学的理论基础。本章重点关注政府与企业合作共同促进应急产业

---

① Zhang, N., Yang, Y., Wang, X., "Game Analysis on the Evolution of Decision-Making of Vaccine Manufacturing Enterprises under the Government Regulation Model", *Vaccines*, 2020, 8: 267.

② 祁凯、杨志：《突发危机事件网络舆情治理的多情景演化博弈分析》，《中国管理科学》2020 年第 3 期。

③ 常丹等：《超大城市社会安全类突发事件情景演化及仿真研究——以北京市为例》，《北京交通大学学报》（社会科学版）2020 年第 1 期。

④ You, M., Li, S., Li, D., et al., "Evolutionary Game Analysis of Coalmine Enterprise Internal Safety Inspection System in China based on System Dynamics", *Resources Policy*, 2020, 67.

⑤ Fei L., Wang Y., "Demand Prediction of Emergency Materials Using Case-based Reasoning Extended by the Dempster-Shafer Theory", *Socio-Economic Planning Sciences*, 2022, 84: 101386.

发展的机制，发现了影响政府与安全应急企业合作的主要因素，构建了政企合作的双方演化博弈模型，探索了演化策略均衡的过程、条件和结果。从方法论的角度来看，演化博弈框架中的政策模拟是对政策研究工具的一个新补充。研究如何促进政府部门与安全应急企业合作可持续性问题，建立政企双方演化博弈模型，探索影响其演化稳定策略的因素，为政府部门制定可行的监督和管理政策提供参考。

二　基于演化博弈的安全应急产业政策研究现状

在安全应急产业政策研究方面，目前国内外学者的研究成果相对较少。唐林霞、邹积亮[①]通过研究安全应急产业发展的动力机制提出了一系列的政策激励措施，将政策分为三类——诱导性政策、管制性政策和指导性政策。郑胜利[②]指出，安全应急产业基地建设主要还停留于部分地方产业发展规划阶段，政策制定后未能有效地应用到实际生产中。安全应急产业政策的实质是政府通过制定对安全应急资源市场进行调节的相关政策，在满足产业自身发展的同时，统筹整合散落在社会中的可用于安全应急管理的人、财、物、技术等“应急潜力”来构建国家联动应急保障机制。从安全应急产业政策的内涵和类型角度，有学者认为安全应急产业政策是由国家或政府制定实施，为了促进安全应急产业发展和提高国家安全应急能力，对安全应急产业活动进行干预的各种政策的总和，并将安全应急产业政策的类型分为安全应急产业结构政策、安全应急产业组织政策和安全应急产业发展政策。从安全应急产业政策目的的角度，佘廉、郭翔[③]认为安全应急产业政策是政府通过政策引导，除满足安全应急能力需求外，通过市场向社会提供安全应急救援产品和服务获得一定经济效益。从研究安全应急产业政策手段方面阐述，安全应急产业政策可以分为管制性政策、指导性政策和诱导性政策。诱导性政策主要包括资金投入、财政

---

① 唐林霞、邹积亮：《应急产业发展的动力机制及政策激励分析》，《中国行政管理》2010 年第 3 期。

② 郑胜利：《我国应急产业发展现状与展望》，《当代中国史研究》2011 年第 1 期。

③ 佘廉、郭翔：《从汶川地震救援看我国应急救援产业化发展》，《华中科技大学学报》（社会科学版）2008 年第 4 期。

补贴、鼓励创新等；管制性政策包括健全法律体系、建立市场准入制度等。范文[①]从国内外比较分析角度，通过研究差异性及存在的问题，在政策上提出借鉴和完善建议。例如，美国、日本等国促进安全应急产业发展的做法是以政府牵头，依托大学和科研院所，使公共安全与国防安全相辅，建立产业发展制度，完善标准化体系。从安全应急产业政策实践探索层面，有专家指出安全应急产业发展的政策虽有出台，但明显滞后且缺乏系统性、分散且组合性低、缺乏顶层设计和宏观谋划，难以有效发挥整合作用。从安全应急产业政策发展的阶段来看，有学者指出安全应急产业初级阶段主要解决的是如何尽快满足应对各类突发事件的最基本需求，更多地强调“面”和“广”。张海波[②]认为，要应对新兴风险、巨灾、跨界危机的挑战，中国需要走向第四代安全应急管理体系，以提升适应性为中心，在坚持政府主导的基础上，充分发挥基于知识交互形成的专家共同体、经由资源流动连接的企业共同体、通过观点和情绪表达强化的网民共同体等重要结构性力量的作用。自 2014 年国务院《加快应急产业发展的意见》发布之后，安全应急产业政策进入了快速发展时期，但有针对性的、专门性的政策措施仍然匮乏。

综上所述，我国的安全应急产业政策研究起步较晚，虽有一定的成果，但目前针对安全应急产业政策的深入研究还较少，比如以安全应急产业政策为依托，从政策所需要解决问题的现状、引发现状的原因以及未来发展需求等政策制定的初始驱动因素分析入手，推测新政策发展趋势的研究不多。全球性公共卫生危机的发生为公共决策带来高度不确定性和未知风险，需要政府加强认知、有效沟通和协调，增强在危机状况下的决策能力。面对全球性新冠疫情的暴发，张辉等[③]认为各国政府共同开展抗疫活动，应对重大突发性卫生风险，增强政

① 范文：《国外扶持公共安全产业的政策实践与启示》，《安徽科技》2012 年第 11 期。

② 张海波：《中国第四代应急管理体系：逻辑与框架》，《中国行政管理》2022 年第 4 期。

③ 张辉等：《全球性公共卫生危机治理：趋势与重点》，《管理科学学报》2021 年第 8 期。

府危机决策能力。当前仍然存在部门机构职能划分与“大应急”理念耦合度不足、安全应急管理全过程预案体系与协调联动机制不足、多元主体参与渠道与机制不完善、安全应急管理法律法规数量与其地位不对应、大数据科技使用与管理规范不足的问题。本章将在前文研究的基础上，从政策制定角度入手，运用演化博弈的方法，定量探讨安全应急产业政策制定问题。

第二节 安全应急产业高质量发展政策框架理论模型构建

一 问题描述和研究假设

为贯彻落实习近平总书记关于“健全统一的应急物资保障体系、健全国家储备体系”重要指示精神，并根据《河北省应急产业发展规划（2020—2025）》《河北省应急物资生产能力储备基地创建指南（试行）》文件要求，政府部门协同地方安全应急企业积极建设“省级应急物资生产能力储备基地”，在这个过程中，政府需要加强储备基地发展质量评估并进行实时动态管理，企业与政府部门建立合作关系，进行一定的应急物资生产能力储备以在突发事件发生后能及时进行应急物资的供应。由于政府和企业均无法在复杂环境下掌握影响决策的所有信息，所以双方博弈行为是在有限理性假设条件下进行的。本部分研究机制如图 5-1 所示。

突发事件频发暴露出众多应急管理问题，其中安全应急物资储备和供应问题引起人们的广泛关注。产业发展是生产能力储备的重要基础，安全应急产业为各类突发事件提供安全防范与应急准备、监测与预警、处置与救援等专用产品和服务，以保障人民生命财产安全，防范化解重大风险挑战。安全应急产业本身为安全应急物资产能保障提供了产品基础、服务供给，推动重点产品生产能力提升、产能布局和结构优化，提高安全应急物资产能储备的效率效能。政府部门和安全应急企业在进行突发事件安全应急物资保障上起着关键作用，一旦爆

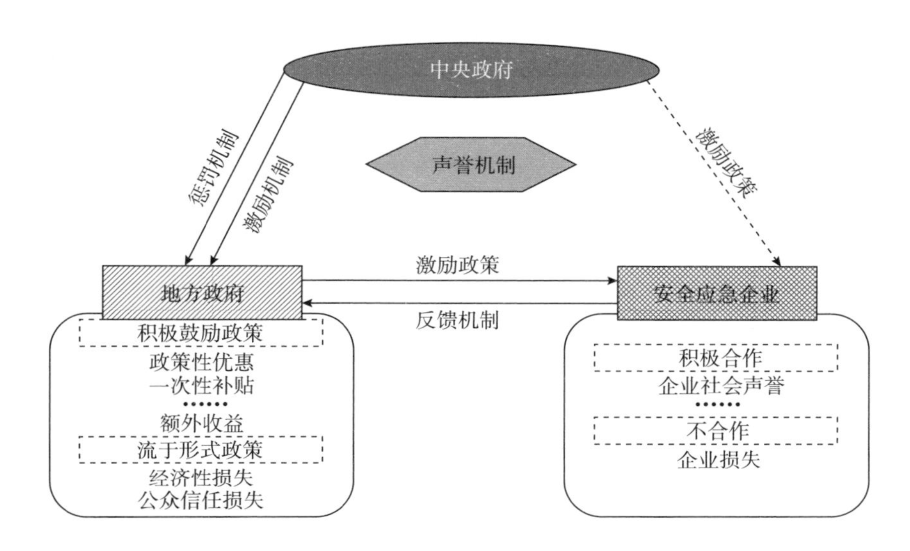

图 5-1　政企合作研究机制分析

发突发危机事件，政府和安全应急企业会根据自身利益的需求做出相应的行为决策。在突发危机事件爆发后，如果政府部门和安全应急企业的合作能力较低，无法做到实现政企应急联合机制，将会造成大范围的社会危机，而政府部门作为应对突发应急事件的主体，不仅自身需要做好应急预警和防护工作，还要保证在企业的安全应急物资储备和供应工作上起到有效的激励和监管作用。因此，为建立一个足以应对各类突发事件的政企安全应急大联合模式，政府部门与企业在演化过程中的行为策略的选择至关重要。基于上述问题描述，本章提出以下几点基本假设：

（1）政府部门在面对安全应急企业的发展问题时采取的策略集是｛积极鼓励政策 G_1，流于形式政策 G_2｝，其中，政府选择“积极鼓励政策 G_1”策略的概率为 x，选择“流于形式政策 G_2”策略的概率为 $1-x$；安全应急企业在政府政策的影响下，采取的策略集合是｛积极合作 E_1，不合作 E_2｝，其中，安全应急企业选择“积极合作 E_1”策略的概率为 y，选择“不合作 E_2”策略的概率为 $1-y$。假设社会上发生突发安全应急事件的概率为 $a(0\leqslant a\leqslant 1)$，不发生突发安全应急事件的概率为 $1-a$。

（2）在地方政府选择“积极鼓励政策 G_1”策略时，地方政府会给予安全应急企业政策性优惠 P，并对积极与政府部门建立合作关系协助政府部门应对突发事件的安全应急企业给予一次性补贴 S 和降低税率或减免税收政策，企业需要缴纳的税收记为 $f_x(TS_x, r_x)$。当企业选择“积极合作 E_1”策略时，政府部门应对突发事件的压力相对得到缓解而获得的潜在收益为 R_1，地方政府部门采取积极鼓励政策并且安全应急企业积极合作下地方政府部门获得社会公众的认可、社会稳定等额外收益，记为 ΔR。当在该政策下企业选择不合作策略，则地方政府部门获得的额外收益按比例降低为 $k_1\Delta R(0<k_1<1)$，实施积极鼓励政策的政府为促进安全应急企业的发展付出的监管成本和安全应急产业建设成本为 C_1，企业应纳所得税额为 $f_1(TS_1, r_1)$①，其中 TS_1 为企业选择与政府合作下的销售总收入，r_1 为降低后的税率。

（3）当政府部门选择“流于形式政策 G_2”策略时，无论企业是选择“积极合作 E_1”策略还是选择“不合作 E_2”策略，均不会对其实施政策性优惠、政府一次性补贴和降低税率或减免税收等措施，同时地方政府会节约原本应对安全应急企业付出的监管成本 C_1。由于地方政府采取流于形式的政策并且企业采取不合作策略，政府不能妥善地应对突发事件，政府需要承担的经济损失为 W，同时政府的社会公众信任损失为 L_g，在该政策下企业选择积极合作策略，则地方政府部门的社会公众信任损失按比例降低为 $k_2L_g(0<k_2<1)$。

（4）安全应急企业选择与政府部门积极合作策略使其能够在突发事件中提供应急人员、应急管理技术以及应急储备物资支持等，并获得基本收益 R_2，企业应纳所得税额为 $f_2(TS_1, r_2)$，其中 TS_1 为企业选择与政府合作下的销售总收入，r_2 为政府部门征收企业所得税的标准税率。企业为进行安全应急物资储备和人员储备等活动需要耗费的成本为 C_2，具体包括生产能力建设、管理成本和维护成本等。企业积极

① 本期应补（退）所得税额或税务机关核定本期应纳所得税额为 $f_x(TS_x, r_x)$ = 应纳税所得额×税率 (r_x) − 符合条件的企业减免企业所得税 − 实际已缴纳所得税额。应缴纳所得税额 = 收入总额 (TS_x) − 不征税收入 − 免税收入。

响应政府部门的号召，参与到安全应急产业的建设被政府以及公众所认可，给企业所带来的社会声誉收益为 I。企业在政府部门“流于形式政策”下自觉进行安全应急物资生产和储备、提升安全应急产品技术等工作，当面临突发事件时，企业仍能够积极协助政府部门提供充足应急支持，获得较大的公众认可，记为 $nI(n\geqslant1)$。

（5）当企业选择“不合作 E_2”策略时，企业会剩余一部分应急物资的生产能力，用此生产能力生产的商品所带来的收益为 R_3，企业应纳所得税额为 $f_3(TS_2, r_2)$，其中 TS_2 为企业选择与政府合作下的销售总收入，r_2 为政府部门征收企业所得税的标准税率。当发生突发事件时，企业因没有积极和政府部门合作未能履行应尽的社会责任而陷入公众舆论，损害企业形象并影响企业的正常生产经营活动造成企业损失，记为 L_e；当企业在政府的“积极鼓励政策”下仍选择不与政府部门合作应对突发应急事件时，企业损失会加倍，记为 $mL_e(m\geqslant1)$。

各参数及其含义如表 5-1 所示。

表 5-1　　本章中各参数及其相关含义

参数	含义
$a(0\leqslant a\leqslant1)$	突发事件发生的概率
R_1	地方政府部门因安全应急企业积极合作策略获得的潜在收益
ΔR	地方政府因积极鼓励政策获得社会公众的认可、社会稳定等额外收益
$k_1\Delta R(0<k_1<1)$	企业选择不合作策略时地方政府部门的额外收益按比例降低后的收益
P	地方政府给予安全应急企业政策性优惠
S	地方政府因安全应急企业选择积极鼓励策略而给予企业的一次性补贴
C_1	地方政府部门的监管成本
W	政府需要承担的经济性损失
L_g	政府需要承担的社会公众信任损失
$k_2L_g(0<k_2<1)$	企业选择积极合作策略时，地方政府部门的社会公众损失按比例降低后的收益
R_2	安全应急企业选择积极合作策略而带来的基本收益
C_2	安全应急企业为与政府合作所付出的合作成本

续表

参数	含义
I	安全应急企业的社会声誉收益
$nI(n\geqslant 1,\ n=1,\ 2,\ 3,\ \cdots,\ N)$	安全应急企业在政府流于形式政策下因积极合作策略获得成倍的社会声誉收益
R_3	安全应急企业因选择不合作策略而剩余的生产能力所带来的收益
L_e	安全应急企业的企业损失
$mL_e(m\geqslant 1,\ m=1,\ 2,\ 3,\ \cdots,\ M)$	安全应急企业在政府积极鼓励政策下因选择不合作策略获得成倍的企业损失
$f_1(TS_1,\ r_1)$	积极鼓励政策下，地方政府部门以降低后的税率 r_1 征收选择积极合作策略的企业所得税额 $f_1(TS_1,\ r_1)$，其中 TS_1 为企业选择与政府合作下的销售总收入，简写为 f_1
$f_2(TS_1,\ r_2)$	流于形式政策下，地方政府部门以税率 r_2 征收选择积极合作策略的企业所得税额 $f_2(TS_1,\ r_2)$，其中 TS_1 为企业选择与政府合作下的销售总收入，简写为 f_2
$f_3(TS_2,\ r_2)$	地方政府部门以税率 r_2 征收选择积极合作策略的企业所得税额 $f_3(TS_2,\ r_2)$，其中 TS_2 为企业选择与政府不合作的销售总收入，简写为 f_3

二　地方政府部门与安全应急企业的演化博弈模型构建

根据以上的假设分析，可以得到地方政府部门与安全应急企业双方主体之间的演化博弈收益矩阵，如表 5-2 所示。

表 5-2　　地方政府部门与安全应急企业的博弈收益矩阵

地方政府部门	安全应急企业	
	积极合作 $E_1(y)$	不合作 $E_2(1-y)$
积极鼓励政策 $G_1(x)$	$U_{11}=aR_1+a\Delta R-P-aS+af_1-C_1$ $V_{11}=aR_2+P+aS-af_1+aI-C_2$	$U_{12}=ak_1\Delta R-P+f_3-C_1$ $V_{12}=R_3+P-f_3-amL_e$
流于形式政策 $G_2(1-x)$	$U_{21}=aR_1+af_2+C_1-ak_2L_g$ $V_{21}=aR_2+anI-af_2-C_2$	$U_{22}=C_1+f_3-aW-aL_g$ $V_{22}=R_3-f_3-aL_e$

在应对突发应急事件问题上，地方政府部门与安全应急企业的策略选择都具有有限理性，为了描述双方参与主体具体的演化过程，可以通过构建地方政府部门与安全应急企业行为策略的复制动态方程来

寻找群体演化稳定策略，以下是详细的求解过程。

假设地方政府部门选择积极鼓励政策策略 G_1 的期望收益为 U_1，选择流于形式政策策略 G_2 的期望收益为 U_2，地方政府部门的平均期望收益为 $\overline{U}$，则有：

$$U_1 = yU_{11} + (1-y)U_{12}$$
$$= (aR_1 + a\Delta R - ak_1\Delta R - aS + af_1 - f_3)y + ak_1\Delta R - P + f_3 - C_1 \quad (5.1)$$

$$U_2 = yU_{21} + (1-y)U_{22}$$
$$= (aR_1 + af_2 + aL_g - ak_2L_g - f_3 + aW)y + C_1 + f_3 - aW - aL_g \quad (5.2)$$

联立式（5.1）和式（5.2）可以求出地方政府部门的平均期望收益 $\overline{U}$，则有：

$$\overline{U} = xU_1 + (1-x)U_2$$
$$= x[yU_{11} + (1-y)U_{12}] + (1-x)[yU_{21} + (1-y)U_{22}]$$
$$= xyU_{11} + x(1-y)U_{12} + (1-x)yU_{21} + (1-x)(1-y)U_{22} \quad (5.3)$$

根据马尔萨斯方程，选择“积极鼓励政策”策略的地方政府部门增长收益应该等于收益 U_1 减去平均收益 $\overline{U}$。联立式（5.1）和式（5.3）可以得到地方政府部门的复制动态方程：

$$F(x) = \frac{dx}{dt} = x(U_1 - \overline{U}) = x(1-x)[y(U_{11} - U_{21}) + (1-y)(U_{12} - U_{22})]$$
$$= x(1-x)[(a\Delta R - ak_1\Delta R - aS + af_1 - af_2 + ak_2L_g - aL_g - aW)y$$
$$+ ak_1\Delta R - P - 2C_1 + aW + aL_g] \quad (5.4)$$

联立式（5.5）和式（5.6）可以求出安全应急企业的平均期望收益，则有：

$$V_1 = xV_{11} + (1-x)V_{21}$$
$$= (P + aS + aI - anI - af_1 + af_2)x + aR_2 + anI - af_2 - C_2 \quad (5.5)$$

$$V_2 = xV_{12} + (1-x)V_{22}$$
$$= (P + aL_e - amL_e)x + R_3 - f_3 - aL_e \quad (5.6)$$

联立式（5.5）和式（5.6）可以求出安全应急企业的平均期望收益 $\overline{V}$，则有：

$$\overline{V} = yV_1 + (1-y)V_2$$
$$= y[xV_{11} + (1-x)V_{21}] + (1-y)[xV_{12} + (1-x)V_{22}]$$

$$=xyV_{11}+(1-x)yV_{21}+x(1-y)V_{12}+(1-x)(1-y)V_{22} \tag{5.7}$$

联立式（5.5）和式（5.7）可以得到安全应急企业的复制动态方程为：

$$F(y)=\frac{dy}{dt}=y(V_1-\overline{V})=y(1-y)[x(V_{11}-V_{12})+(1-x)(V_{21}-V_{22})]$$
$$=y(1-y)[(aS-af_1+aI-anI+amL_e-aL_e+af_2)x+aR_2+anI-af_2-C_2-R_3+f_3+aL_e] \tag{5.8}$$

联立式（5.4）和式（5.8）建立地方政府部门和安全应急企业的二维动力系统（Ⅰ），则有：

$$\begin{cases} F(x)=\frac{dx}{dt}=x(1-x)[(a\Delta R-ak_1\Delta R-aS+af_1-af_2+ak_2L_g-aL_g-aW)y \\ \quad +ak_1\Delta R-P-2C_1+aW+aL_g] \\ F(y)=\frac{dy}{dt}=y(1-y)[(aS-af_1+aI-anI+amL_e-aL_e+af_2)x \\ \quad +aR_2+anI-af_2-C_2-R_3+f_3+aL_e] \end{cases} \tag{5.9}$$

进一步求系统（Ⅰ）的均衡点，如下所示：

令 $F(x)=0$，可以得到：

$x_1=0$

$x_2=1$

$$y^*=\frac{-ak_1\Delta R+P+2C_1-aW-aL_g}{a\Delta R-ak_1\Delta R-aS+af_1-af_2+ak_2L_g-aL_g-aW}$$

令 $F(y)=0$，可以得到：

$y_1=0$

$y_2=1$

$$x^*=\frac{-aR_2-anI+af_2+C_2+R_3-f_3-aL_e}{aS-af_1+aI-anI+amL_e-aL_e+af_2}$$

三　地方政府部门与安全应急企业的演化博弈模型稳定性分析

根据以上复制动态系统（Ⅰ），求得均衡点 $(x, y)\in\{(x, y)|0\leqslant x\leqslant 1, 0\leqslant y\leqslant 1\}$，即（0，0）、（0，1）、（1，0）、（1，1），当且仅

当 $0 \leqslant \frac{-ak_1\Delta R+P+2C_1-aW-aL_g}{a\Delta R-ak_1\Delta R-aS+af_1-af_2+ak_2L_g-aL_g-aW} \leqslant 1$ 和 $0 \leqslant \frac{-aR_2-anI+af_2+C_2+R_3-f_3-aL_e}{aS-af_1+aI-anI+amL_e-aL_e+af_2} \leqslant 1$ 时，存在系统均衡点（x^*，y^*）。

根据 Friedman 提出的方法，对系统（Ⅰ）求偏导构造雅可比（Jacobian）矩阵 $J_1(x, y)$ 并分析各均衡点的稳定性，结果如式（5.10）和式（5.11）所示。由演化博弈理论可知，如果想要获得演化稳定策略（ESS），其所对应雅可比矩阵需要同时满足两个条件，即行列式 $Det(J)>0$、迹 $Tr(J)<0$。

$$J_1(x, y)=\begin{bmatrix} \frac{\partial F(x)}{\partial x} & \frac{\partial F(x)}{\partial y} \\ \frac{\partial F(y)}{\partial x} & \frac{\partial F(y)}{\partial y} \end{bmatrix} \tag{5.10}$$

然后，雅可比矩阵 $J_1(x, y)$ 中的每个元素具体表示如下：

$$\frac{\partial F(x)}{\partial x}=(1-2x)[(a\Delta R-ak_1\Delta R-aS+af_1-af_2+ak_2L_g-aL_g-aW)y+ak_1\Delta R-P-2C_1+aW+aL_g]$$

$$\frac{\partial F(x)}{\partial y}=x(1-x)(a\Delta R-ak_1\Delta R-aS+af_1-af_2+ak_2L_g-aL_g-aW)$$

$$\frac{\partial F(y)}{\partial x}=y(1-y)(aS-af_1+af_2+aI-anI+amL_e-aL_e)$$

$$\frac{\partial F(y)}{\partial y}=(1-2y)[(aS-af_1+af_2+aI-anI+amL_e-aL_e)x+aR_2+anI-C_2-R_3+f_3+aL_e] \tag{5.11}$$

接下来，通过计算雅可比矩阵的特征值，进一步确定行列式和迹条件的正负。特征值的计算结果如表 5-3 所示。

表 5-3　政府与企业构成的演化博弈系统的特征值

均衡点 $E_i(x, y)$	特征值 $\lambda_{i1}(i=1, 2, 3, 4)$	特征值 $\lambda_{i2}(i=1, 2, 3, 4)$
$E_1(0, 0)$	$\lambda_{11}=ak_1\Delta R-P-2C_1+aW+aL_g$	$\lambda_{12}=aR_2+anI-af_2-C_2-R_3+f_3+aL_e$

续表

均衡点 $E_i(x, y)$	特征值 $\lambda_{i1}(i=1, 2, 3, 4)$	特征值 $\lambda_{i2}(i=1, 2, 3, 4)$
$E_2(0, 1)$	$\lambda_{21}=a\Delta R-aS+af_1-af_2+ak_2L_g-P-2C_1$	$\lambda_{22}=-aR_2-anI+af_2+C_2+R_3-f_3-aL_e$
$E_3(1, 0)$	$\lambda_{31}=-ak_1\Delta R+P+2C_1-aW-aL_g$	$\lambda_{32}=aS-af_1+aI+amL_e+aR_2-C_2-R_3+f_3$
$E_4(1, 1)$	$\lambda_{41}=-(a\Delta R-aS+af_1-af_2+ak_2L_g-P-2C_1)$	$\lambda_{42}=-(aS-af_1+aI+amL_e+aR_2-C_2-R_3+f_3)$

根据上面计算的每个均衡点的特征值，计算出五个均衡点的行列式和迹，如表 5-4 所示。

表 5-4　　政府与企业构成的演化博弈系统的行列式和迹

均衡点 $E_i(x, y)$	$Det(J)$	符号	$Tr(J)$	符号
$E_1(0, 0)$	$\lambda_{11}\times\lambda_{12}$	+/-	$\lambda_{11}+\lambda_{12}$	+/-
$E_2(0, 1)$	$\lambda_{21}\times\lambda_{22}$	+/-	$\lambda_{21}+\lambda_{22}$	+/-
$E_3(1, 0)$	$\lambda_{31}\times\lambda_{32}$	+/-	$\lambda_{31}+\lambda_{32}$	+/-
$E_4(1, 1)$	$\lambda_{41}\times\lambda_{42}$	+/-	$\lambda_{41}+\lambda_{42}$	+/-
$E_5(x^*, y^*)$	$\lambda_{51}\times\lambda_{52}$	+/-	0	0

对表 5-4 进行分析，发现无法直接判断均衡点（0，0）、（0，1）、（1，0）、（1，1）、（x^*，y^*）的稳定性。1978 年，泰勒指出点在博弈系统中是一个稳定均衡点，但其不具有渐进稳定性，系统不会自动地稳定到点。以上分析说明，地方政府与安全应急企业之间并不存在演化稳定策略，演化的趋势会随着某些变量的变化而改变。接下来适当调整初始变量，讨论并分析 4 种可能的假设条件下博弈系统的演化趋势，确定该博弈系统的稳定策略 ESS。

（1）当 $ak_1\Delta R-P-2C_1+aW+aL_g<0$，即 $a\Delta R-aS+af_1-af_2+ak_2L_g-P-2C_1>0$ 时，对 $0<x^*<1$ 分以下两种情况进行讨论分析：

假设 1：当 $ak_1\Delta R-P-2C_1+aW+aL_g<0$，即 $a\Delta R-aS+af_1-af_2+ak_2L_g-P-2C_1>0$，且 $aS+aI+amL_e+aR_2+f_3-af_1-C_2-R_3>0$ 时，系统的演化稳定策略为（0，0）、（1，1）。

假设 2：当 $ak_1\Delta R-P-2C_1+aW+aL_g<0$，即 $a\Delta R-aS+af_1-af_2+ak_2L_g-P-2C_1>0$，且 $aS+aI+amL_e+aR_2+f_3-af_1-C_2-R_3<0$ 时，系统不存在演化稳定策略。

（2）当 $ak_1\Delta R-P-2C_1+aW+aL_g>0$，即 $a\Delta R-aS+af_1-af_2+ak_2L_g-P-2C_1<0$ 时，对 $0<x^*<1$ 分以下两种情况进行讨论分析：

假设 3：当 $ak_1\Delta R-P-2C_1+aW+aL_g>0$，即 $a\Delta R-aS+af_1-af_2+ak_2L_g-P-2C_1<0$，且 $aS+aI+amL_e+aR_2+f_3-af_1-C_2-R_3>0$ 时，系统不存在演化稳定策略。

假设 4：当 $ak_1\Delta R-P-2C_1+aW+aL_g>0$，即 $a\Delta R-aS+af_1-af_2+ak_2L_g-P-2C_1<0$，且 $aS+aI+amL_e+aR_2+f_3-af_1-C_2-R_3<0$ 时，系统存在演化稳定策略（0，1）和（1，0）。

为了进一步验证假设 1—4 的合理性，在已知假设的约束下，对 5 个演化均衡点（0，0）、（0，1）、（1，0）、（1，1）、（x^*，y^*）进行了稳定性分析，具体结果见表 5-5。

表 5-5　政府与企业构成的演化博弈系统的均衡点稳定性分析

	假设 1			假设 2			假设 3			假设 4		
均衡点	$Det(J)$	$Tr(J)$	稳定性	$Det(J)$	$Tr(J)$	稳定性	$Det(J)$	$Tr(J)$	稳定性	$Det(J)$	$Tr(J)$	稳定性
E_1 (0,0)	+	-	ESS	-	N	鞍点	-	N	鞍点	+	+	不稳定点
E_2 (0,1)	+	+	不稳定点	+	+	不稳定点	-	N	鞍点	+	-	ESS
E_3 (1,0)	+	+	不稳定点	-	N	鞍点	-	N	鞍点	+	-	ESS
E_4 (1,1)	+	-	ESS	-	N	鞍点	-	N	鞍点	+	+	不稳定点
$E_5(x^*, y^*)$	-	0	非平衡点	+	0	非平衡点	+	0	非平衡点	-	0	非平衡点

注：“N”为不确定符号正负。

从表 5-5 中可以看出，在假设 1 和假设 4 中存在稳定点 E_1(0,

0)、$E_4(1, 1)$和$E_2(0, 1)$，$E_4(1, 1)$，其余均为鞍点、不稳定点和非平衡点。对假设1和假设4的综合分析结果具体如下：

（1）当地方政府部门采取积极鼓励政策的总收益大于其所采取流于形式政策的总收益时，地方政府部门会选择采取积极鼓励政策，假设地方政府部门的积极鼓励政策能较好地发挥作用，此时地方政府部门和安全应急企业的演化轨迹将趋于｛积极鼓励政策，积极合作｝。这种情况说明，地方政府部门促进安全应急产业发展的宣传程度及奖励政策均达到预期效果，合理的积极鼓励政策使企业得到有效的激励，并能够让企业和社会公众意识到促进安全应急产业发展的重要性。当突发事件发生后，该理想策略不仅能够使地方政府和企业同时获得社会公众的认可和社会稳定带来的收益，还能使政府和企业在公众心中树立良好形象。

（2）当地方政府部门的积极鼓励政策无效时，地方政府部门和安全应急企业的演化轨迹将趋于｛积极鼓励政策，不合作｝。一方面，说明安全应急企业选择积极合作策略的总收益小于不合作策略的总收益，此时企业受到的损失较小并且还会受到政府部门的政策支持，企业会选择“搭便车”，导致政府联合企业促进安全应急产业发展的目标未能实现。另一方面，说明当政府部门需要应对突发事件造成的较大的社会损失时，政府部门虽重视安全应急产业发展问题并对企业采取激励手段鼓励企业积极提高生产效率和产能，但如果政府宣传力度不够，奖励阈值设置不合理，很难实现政府和企业的协同发展。

（3）当地方政府部门采取积极鼓励政策的总收益小于其所采取流于形式政策的总收益时，假设政府的政策未发挥作用，地方政府部门和安全应急企业的演化轨迹将趋于｛流于形式政策，不合作｝。这说明如果突发事件发生频率较低，不会造成较大的社会损失时，政府和企业未能充分地认识到安全应急产业发展问题的重要性。地方政府部门应该具有危机意识，评估突发事件发生的概率以及会造成的社会损失，制定合理的鼓励措施并做好应急预案。在下文中，可以引入中央政府惩罚机制约束地方政府的监管行为。

（4）当政府政策能够有效地实施，随着政府给予的政策支持力度不断加大，巨大的财政支出给政府部门带来沉重负担时，地方政府部门和安全应急企业的演化轨迹将趋于｛流于形式政策，积极合作｝。这种情况说明政府积极鼓励政策在一定程度上提高了安全应急企业的合作意愿，但也加重了政府的财政压力。因此，政府部门在制定激励政策时不仅要在短期内与相关企业达成合作协议谋求安全应急产业的发展，还需要考虑政府自身的经济能力。

四 中央政府惩罚机制下地方政府部门与安全应急企业的演化博弈模型

为了促进地方政府和安全应急企业在应对安全应急产业发展问题时能够采取积极鼓励策略和积极合作策略，避免较大的社会损失，引入中央政府的惩罚机制来监管地方政府部门行为选择是非常有必要的。中央政府对采取流于形式政策的地方政府实施惩罚 F。同时，中央政府的监管和调控措施侧面提升了社会公众对安全应急产业发展问题的关注程度，借助互联网和社交平台等媒介传播，社会舆论热度升高并对企业造成连带影响，舆论压力的扩大使企业社会声誉和企业社会损失加大，表示为 $\bar{I}(\bar{I}>I)$ 和 $\bar{L}_e(\bar{L}_e>L_e)$。在中央政府惩罚机制下双方的演化博弈收益矩阵见表 5-6。

表 5-6 中央政府惩罚下地方政府部门与企业的博弈矩阵

地方政府部门	安全应急企业	
	积极合作 $E_1(y)$	不合作 $E_2(1-y)$
积极鼓励政策 $G_1(x)$	$U_{11}=aR_1+a\Delta R-P-aS+af_1-C_1$ $V_{11}=aR_2+P+aS-af_1+a\bar{I}-C_2$	$U_{12}=ak_1\Delta R-P+f_3-C_1$ $V_{12}=R_3+P-f_3-am\bar{L}_e$
流于形式政策 $G_2(1-x)$	$U_{21}=aR_1+af_2+C_1-ak_2L_g-F$ $V_{21}=aR_2+an\bar{I}-af_2-C_2$	$U_{22}=C_1+f_3-aW-aL_g-F$ $V_{22}=R_3-f_3-a\bar{L}_e$

为了使引入的中央政府部门惩罚对由地方政府和安全应急企业组成的演化博弈系统有效，并实现｛积极鼓励政策，积极合作｝的目标，需要满足以下两个条件：

（1）对采取流于形式政策的地方政府给予惩罚后的总收益小于采

取积极鼓励政策的地方政府总收益，表示为 $U_{11}+U_{12}>U_{21}+U_{22}$，即 $F>\frac{-a\Delta R+2P+aS-af_1+4C_1-ak_1\Delta R+af_2-ak_2L_g+aW-aL_g}{2}$。

（2）在中央政府的惩罚机制下，地方政府的积极鼓励政策要发挥其作用，需满足在地方政府给予政策性优惠、一次性补贴和降低税率、减免税收等鼓励政策影响下，采取积极合作策略的安全应急企业的总收益大于采取不合作策略的安全应急企业总收益这个条件，表示为 $V_{11}>V_{12}$，即 $aS+a\bar{I}+am\bar{L}_e+aR_2+f_3-af_1-C_2-R_3>0$。下文也将以此为初始条件对模型进行稳定性分析。

根据式（5.4）和式（5.8）的求解过程，可以得到中央政府惩罚机制下地方政府部门的复制动态方程，如式（5.12）所示：

$$F(x)=\frac{dx}{dt}=x(U_1-\bar{U})=x(1-x)[y(U_{11}-U_{21})+(1-y)(U_{12}-U_{22})]$$
$$=x(1-x)[(a\Delta R-ak_1\Delta R-aS+af_1-af_2+ak_2L_g-aL_g-aW)y$$
$$+ak_1\Delta R-P-2C_1+aW+aL_g+F] \quad (5.12)$$

中央政府惩罚机制下安全应急企业的复制动态方程如式（5.13）所示：

$$F(y)=\frac{dy}{dt}=y(V_1-\bar{V})=y(1-y)[x(V_{11}-V_{12})+(1-x)(V_{21}-V_{22})]$$
$$=y(1-y)[(aS-af_1+a\bar{I}-an\bar{I}+am\bar{L}_e-a\bar{L}_e+af_2)x+aR_2+an\bar{I}-af_2$$
$$-C_2-R_3+f_3+a\bar{L}_e] \quad (5.13)$$

在中央政府的惩罚机制下，通过联立式（5.12）和式（5.13）建立地方政府部门和安全应急企业的二维动力系统（Ⅱ），如下：

$$\begin{cases} F(x)=\frac{dx}{dt}=x(1-x)[(a\Delta R-ak_1\Delta R-aS+af_1-af_2+ak_2L_g-aL_g-aW)y \\ \qquad +ak_1\Delta R-P-2C_1+aW+aL_g+F] \\ F(y)=\frac{dy}{dt}=y(1-y)[(aS-af_1+a\bar{I}-an\bar{I}+am\bar{L}_e-a\bar{L}_e+af_2)x+aR_2+an\bar{I} \\ \qquad -af_2-C_2-R_3+f_3+a\bar{L}_e] \end{cases}$$

（5.14）

进一步求系统（Ⅱ）的均衡点，如下所示：

令 $F(x)=0$，可以得到：

$x_1=0$

$x_2=1$

$$y^*=\frac{-ak_1\Delta R+P+2C_1-aW-aL_g-F}{a\Delta R-ak_1\Delta R-aS+af_1-af_2+ak_2L_g-aL_g-aW}$$

令 $F(y)=0$，可以得到：

$y_1=0$

$y_2=1$

$$x^*=\frac{-aR_2-an\bar{I}+C_2+R_3-a\bar{L}_e+af_2-f_3}{aS-af_1+af_2+a\bar{I}-an\bar{I}+am\bar{L}_e-a\bar{L}_e}$$

五　中央政府惩罚机制下地方政府部门与安全应急企业的演化博弈模型稳定性分析

类似地，可以构造系统（Ⅱ）的雅可比矩阵 $J_2(x, y)$。然后，雅可比矩阵中的元素具体表示如下：

$$\frac{\partial F(x)}{\partial x}=(1-2x)[(a\Delta R-ak_1\Delta R-aS+af_1-af_2+ak_2L_g-aL_g-aW)y+ak_1\Delta R-P-2C_1+aW+aL_g+F]$$

$$\frac{\partial F(x)}{\partial y}=x(1-x)(a\Delta R-ak_1\Delta R-aS+af_1-af_2+ak_2L_g-aL_g-aW)$$

$$\frac{\partial F(y)}{\partial x}=y(1-y)(aS-af_1+af_2+a\bar{I}-an\bar{I}+am\bar{L}_e-a\bar{L}_e)$$

$$\frac{\partial F(y)}{\partial y}=(1-2y)[(aS-af_1+af_2+a\bar{I}-an\bar{I}+am\bar{L}_e-a\bar{L}_e)x+aR_2+an\bar{I}-C_2-R_3+f_3+a\bar{L}_e] \tag{5.15}$$

该演化博弈模型的稳定性分析过程与上文相同，通过计算雅可比矩阵的特征值进一步确定行列式和迹的正负。每个平衡点的雅可比矩阵的特征值如表 5-7 所示。通过分析可以看出，不能直接判断均衡点的稳定性。所以，在满足中央政府部门的惩罚机制发挥其应有效用的两个初始条件下，讨论并分析两种可能假设条件下博弈系统的演化趋势，确定该博弈系统的最优稳定策略 ESS。

假设 5：

当 $ak_1\Delta R-P-2C_1+aW+aL_g+F<0$，即 $a\Delta R-aS+af_1-af_2+ak_2L_g-P-2C_1+F>0$，且 $aS+a\bar{I}+am\bar{L}_e+aR_2+f_3-af_1-C_2-R_3>0$ 时，系统存在演化稳定策略（0，0）、（1，1）。

假设 6：

当 $ak_1\Delta R-P-2C_1+aW+aL_g+F>0$，即 $a\Delta R-aS+af_1-af_2+ak_2L_g-P-2C_1+F<0$，且 $aS+a\bar{I}+am\bar{L}_e+aR_2+f_3-af_1-C_2-R_3>0$ 时，系统不存在演化稳定策略。

表 5-7　中央政府惩罚下地方政府部门与企业构成的演化博弈系统的均衡点特征值

均衡点 $E_i(x, y)$	特征值 $\lambda_{i1}(i=1, 2, 3, 4)$	特征值 $\lambda_{i2}(i=1, 2, 3, 4)$
$E_1(0, 0)$	$\lambda_{11}=ak_1\Delta R-P-2C_1+aW+aL_g+F$	$\lambda_{12}=aR_2+an\bar{I}-af_2-C_2-R_3+f_3+a\bar{L}_e$
$E_2(0, 1)$	$\lambda_{21}=a\Delta R-aS+af_1-af_2+ak_2L_g-P-2C_1+F$	$\lambda_{22}=-aR_2-an\bar{I}+af_2+C_2+R_3-f_3-a\bar{L}_e$
$E_3(1, 0)$	$\lambda_{31}=-ak_1\Delta R+P+2C_1-aW-aL_g-F$	$\lambda_{32}=aS-af_1+a\bar{I}+am\bar{L}_e+aR_2-C_2-R_3+f_3$
$E_4(1, 1)$	$\lambda_{41}=-(a\Delta R-aS+af_1-af_2+ak_2L_g-P-2C_1+F)$	$\lambda_{42}=-(aS-af_1+a\bar{I}+am\bar{L}_e+aR_2-C_2-R_3+f_3)$

为了进一步验证假设 5 和假设 6 的合理性，在满足已知约束条件下，对（0，0）、（0，1）、（1，0）、（1，1）、（x^*，y^*）五个演化均衡点进行稳定性分析，如表 5-8 所示。

表 5-8　中央政府惩罚下地方政府部门与企业构成的演化博弈系统的均衡点稳定性分析

均衡点	假设 5			假设 6		
	$Det(J)$	$Tr(J)$	稳定性	$Det(J)$	$Tr(J)$	稳定性
$E_1(0, 0)$	+	−	ESS	−	N	鞍点
$E_2(0, 1)$	+	+	不稳定点	−	N	鞍点

续表

均衡点	假设 5			假设 6		
	$Det(J)$	$Tr(J)$	稳定性	$Det(J)$	$Tr(J)$	稳定性
$E_3(1, 0)$	+	+	不稳定点	-	N	鞍点
$E_4(1, 1)$	+	-	ESS	-	N	鞍点
$E_5(x^*, y^*)$	-	0	非平衡点	+	0	非平衡点

注："N" 表示其符号无法确定。

通过表 5-8 分析结果可以得出结论，地方政府和企业合作共促安全应急产业发展的策略选择在一定程度上受到中央政府惩罚机制的影响。通过不断调高中央政府惩罚值的上限，地方政府选择流于形式政策所付出的代价也越大，使地方政府采取积极鼓励政策的概率增大，因此地方政府部门和安全应急企业的演化轨迹将趋向于｛积极鼓励政策，积极合作｝。同样，一方面，中央政府的惩罚机制能够反向促进地方政府对安全应急产业发展问题的重视程度；另一方面，中央政府的监管行为在互联网和自媒体平台上得到广泛传播，会引起更大范围社会公众的关注，企业作为利益相关者，为避免损失会争取获得良好的企业声誉，主动与政府部门建立长期合作机制。

第三节　演化博弈模型的数值仿真分析

本章的情景推演分析是根据突发危机事件对地方政府和安全应急企业的影响程度进行讨论的，在此基础上分析地方政府和安全应急企业对安全应急产业发展问题的演化稳定策略，并模拟不同情景下政府与企业的演化过程。以河北省为例，分析省政府政策对安全应急产业发展问题的影响。

突发事件有突发性、不确定性、破坏性以及社会性等特征，为避免突发事件给社会造成更大的危害，需要政府部门建立一个完备的安全应急产业发展体系，为及时应对各类突发事件提供必要的安全应急物资支持。依据突发事件具有周期性的特点，突发事件的演化有四个阶段，分别为潜伏期、爆发期、影响期和结束期。突发事件的潜伏期一般较长，等到积累到一定程度后，就会一触即发给社会带来危害。突发事件的爆发期和影响期基本相互重叠，造成的灾难持续存在，给社会依旧造成较大的破坏力。突发事件的危害和影响得到控制之后进入结束期。本书借助突发事件发生给政府与企业带来的收益和损失影响程度来划分情景，具体分析如下：

（1）突发事件的发生引发社会舆论增大，对政府和企业来说是一把"双刃剑"，在短期内，地方政府部门制定切实可行的应对政策带来的额外收益远大于其他经济性损失和社会公众信任损失，起到正向促进社会发展的作用。同样地，企业的声誉收益和损失的影响也会变大，这符合情景 1 的推演。

（2）突发事件的潜伏期一般较长，等到积累到一定程度后，就会一触即发给社会带来危害。对政府来说，一旦爆发突发事件，政府作为社会的监管者和直接利益相关者，会受到较大的社会损失，政府部门会评估社会风险，在感知风险影响下政府会关注安全应急产业发展问题。公众对企业的关注还比较少，此时企业受突发事件影响较小，企业声誉和损失均处在较低水平，这符合情景 2 的推演。

（3）中央政府部门会根据突发事件的社会危害程度以及政府部门的管控效果来决定是否对地方进行奖惩，当地方政府部门流于形式未能与安全应急企业建立良好的合作关系时，在突发事件的爆发期和影响期中央政府会对地方政府监管不到位的行为给予合理的惩罚，这符合情景 3 的推演。

为了更科学清晰地展示参数变化对系统演化的影响，在数值仿真模拟过程中划分以下三种情景，如表 5-9 所示。

表 5-9　情景类型的描述与分析

情景分类	具体描述	初始变量调整方向	假设
情景 1	安全应急产业发展问题对地方政府部门的社会公众信任损失 L_g 与经济性损失 W 影响相对较小，对企业的声誉收益 I 和损失 L_e 影响相对较大情景下的行为策略演化	$L_g\downarrow$；$W\downarrow$；$\Delta R\uparrow$；$I\uparrow$；$L_e\uparrow$	假设 1

续表

情景分类	具体描述	初始变量调整方向	假设
情景 2	安全应急产业发展问题对地方政府监管部门的社会公众信任损失 L_g 与经济性损失 W 影响相对较大，对企业的声誉收益 I 和损失 L_e 影响相对较小情景下的行为策略演化	$L_g\uparrow$；$W\uparrow$；$\Delta R\downarrow$；$I\downarrow$；$L_e\downarrow$	假设 4
情景 3	在突发事件爆发期和影响期，在政府和企业均不作为而引入中央政府惩罚机制情景下政企合作发展安全应急产业的行为策略演化	$F\uparrow$	假设 5

一　在情景 1 中地方政府部门与安全应急企业策略演变的影响因素分析

根据假设 1—6 中的约束条件和复制动态方程，运用 MATLAB 仿真模拟来清晰展示参数变化对地方政府部门与安全应急企业策略演化的影响。地方政府部门采取积极鼓励政策、企业选择积极合作政策的初始值设定为［0.5，0.5］，演化时间设定为［0，1］。设置仿真数据的主要依据有：①参考过往文献来确定部分参数的数值。②部分参数值的设置参考了政府部门制定的实际政策，并考虑了本研究涉及的相关应急企业现实情况。③与应急领域专家和政府工作人员进行了探讨沟通。

根据情景 1 的宏观条件，并且在满足以下假设 1 的三个约束条件的基础上进行地方政府与安全应急企业的演化仿真实验。

（1）$ak_1\Delta R-P-2C_1+aW+aL_g<0$；

（2）$a\Delta R-aS+af_1-af_2+ak_2L_g-P-2C_1>0$；

（3）$aS+aI+amL_e+aR_2+f_3-af_1-C_2-R_3>0$。

演化稳定策略仿真实验中每个参数的具体值如表 5-10 所示。

表 5-10　演化稳定策略仿真实验的各参数的具体数值

参数	初始值	在假设 1 条件下参数变化								
		a	ΔR	S	P	f_1	W	L_g	I	L_e
a	0.1	0.11；0.12；0.13	0.1	0.1	0.1	0.1	0.1	0.1	0.1	0.1

续表

参数	初始值	在假设 1 条件下参数变化								
		a	ΔR	S	P	f_1	W	L_g	I	L_e
k_1	0.5	0.5	0.5	0.5	0.5	0.5	0.5	0.5	0.5	0.5
ΔR	3600	3600	3800；4000；4200	3600	3600	3600	3600	3600	3600	3600
S	50	50	50	200；350；500	50	50	50	50	50	50
k_2	0.5	0.5	0.5	0.5	0.5	0.5	0.5	0.5	0.5	0.5
L_g	300	300	300	300	300	300	300	500；700；900	300	300
W	100	100	100	100	100	100	300；500；700	100	100	100
P	100	100	100	100	80；120；140	100	100	100	100	100
C_1	100	100	100	100	100	100	100	100	100	100
n	1	1	1	1	1	1	1	1	1.5；2；3	1
m	1	1	1	1	1	1	1	1	1	1.5；2；3
L_e	1200	1200	1200	1200	1200	1200	1200	1200	1200	1800；2400；3600
I	1200	1200	1200	1200	1200	1200	1200	1200	1800；2400；3600	1200
R_2	1000	1000	1000	1000	1000	1000	1000	1000	1000	1000
C_2	200	200	200	200	200	200	200	200	200	200
R_3	500	500	500	500	500	500	500	500	500	500
f_1	350	350	350	350	350	250；150；50	350	350	350	350

续表

参数	初始值	在假设 1 条件下参数变化								
		a	ΔR	S	P	f_1	W	L_g	I	L_e
f_2	500	500	500	500	500	500	500	500	500	500
f_3	400	400	400	400	400	400	400	400	400	400

（一）突发事件概率变化对地方政府和安全应急企业动态演化的影响

假定突发事件发生的初始概率为 $a=0.1$。近年来，自然灾害事件以及公共卫生事件等突发事件层出不穷，造成国内外局势紧张。为了符合实际，不断地提高突发事件可能发生的概率，观察其对政府和企业演化行为的影响。保持其他参数不变并且在满足假设 1 约束条件，a 的取值分别设置为 $a=0.1$、$a=0.11$、$a=0.12$、$a=0.13$。从图 5-2（a）可以观察到初始状态下政府部门的演化是向着流于形式政策方向演化，随着突发事件发生的频率的增加，政府部门向着积极鼓励政策方向演化，并且政府部门向积极鼓励政策方向演化的速度越快。同样条件下，从图 5-2（b）可以观察到，初始状态下安全应急企业的演化是向着不合作策略方向演化，但随着突发事件发生的频率的增加，不仅安全应急企业向着与政府部门积极合作方向演化，还缩短了企业向积极合作策略演化的时间。演化结果说明，突发事件发生的概率影响地方政府部门和安全应急企业的决策行为，政府部门更应该积极承担社会责任和监管职能，减少突发事件频率增加对社会造成的经济性损失。对于企业来说，企业想要在应对突发事件中获得更多的经济效益，可与政府部门达成合作协议，为企业赢得更多发展机会和条件。

（二）政府选择积极鼓励政策的不同概率对安全应急企业演化的影响

在情景 1 中，改变 x 的取值，可探究政府选择积极鼓励政策的概率对企业行为策略演化的影响。当 $x=0.3$、$x=0.5$、$x=0.7$ 和 $x=0.9$ 时，企业在不同概率下的演化结果如图 5-3 所示。如图 5-3（a）所

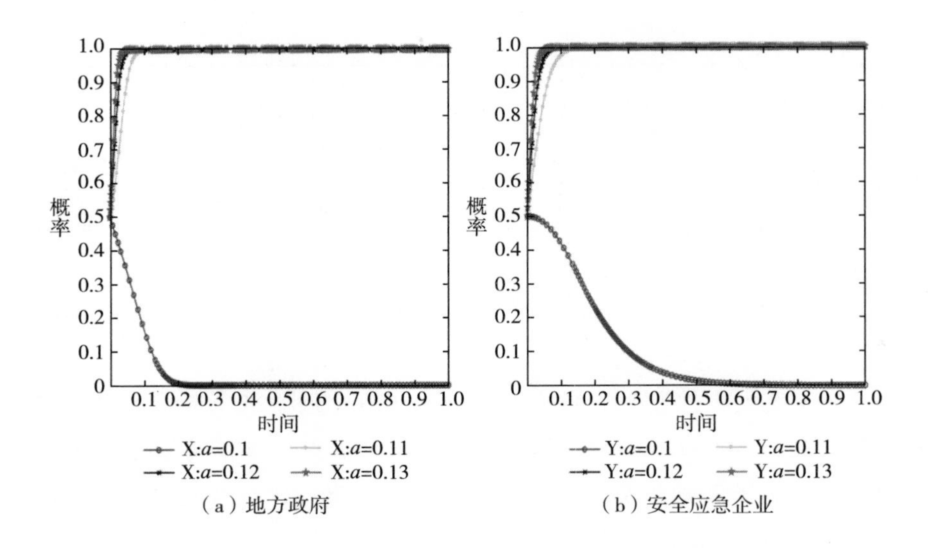

图 5-2　情景 1 条件下突发事件概率变化对地方政府和企业动态演化结果的影响

示，可知当政府选择积极鼓励政策的概率高于某一值时，安全应急企业会向积极合作策略方向演化。在未达到阈值时，其向不合作方向演化，且安全应急企业选择积极合作概率越低则向不合作方向演化得越快。通过观察图 5-3（b）、（c）、（d）发现，政府选择积极鼓励政策的概率越大，则企业向积极合作策略演化的阈值越低，说明政府的政策对企业策略的选择有影响。

（三）地方政府的政策性优惠 P、一次性补贴 S 和政府补贴后的税率 r_1 对政府部门和企业演化的影响

由图 5-4 可知，在满足假设 1 的三个约束条件下，分别探讨地方政府的政策性优惠 P、一次性补贴 S 和政府补贴后的税率 r_1 对政府部门和安全应急企业演化的影响。假定政策性优惠的初始值为 $P=100$，并在此基础上变动政府给予企业的政策性优惠，调整数值分别为 $P=80$、$P=120$、$P=140$，由图 5-4（a）和（b）可以发现，适当地给予政策性优惠不会影响政府部门向积极鼓励政策方向的演化，但随着政策性优惠的增加则政府财政负担加大，会导致政府部门更快速地向

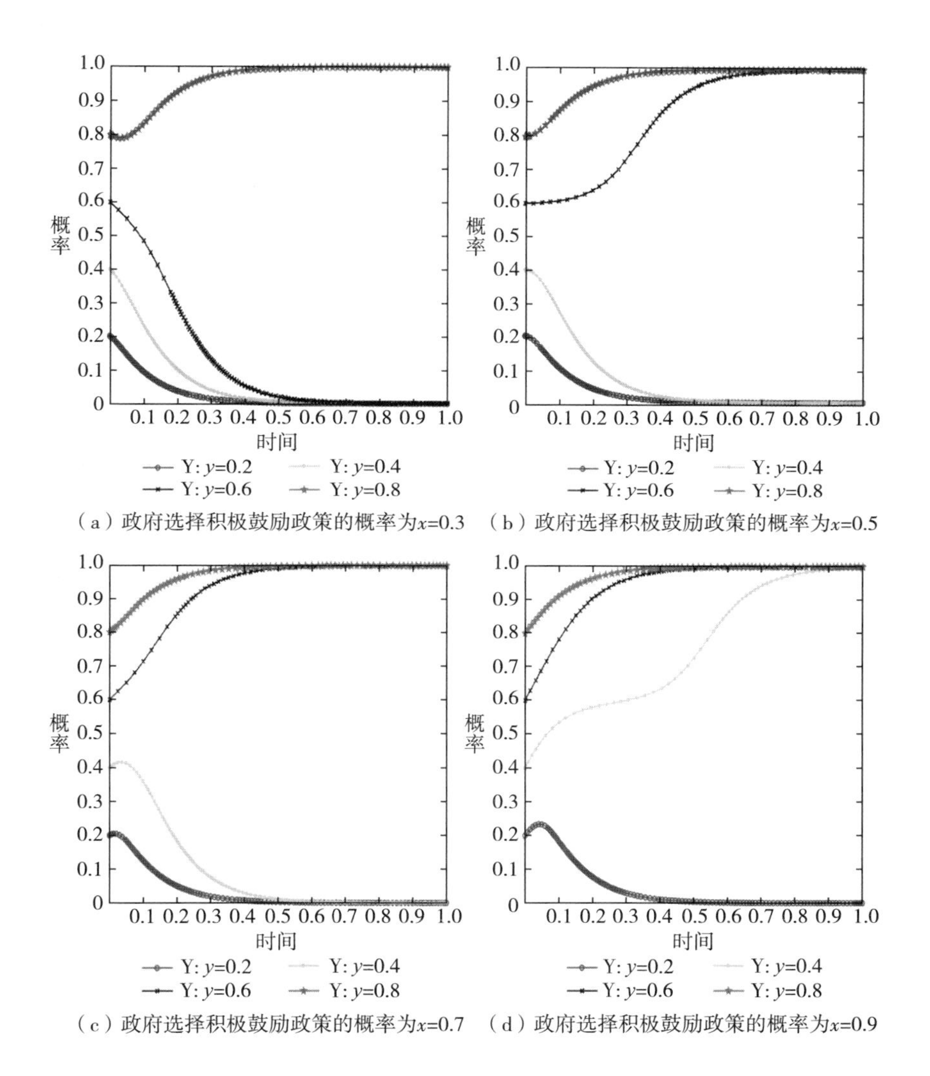

（a）政府选择积极鼓励政策的概率为x=0.3　（b）政府选择积极鼓励政策的概率为x=0.5

（c）政府选择积极鼓励政策的概率为x=0.7　（d）政府选择积极鼓励政策的概率为x=0.9

图 5-3　情景 1 条件下政府选择积极鼓励政策的概率变化对企业合作概率演化结果的影响

流于形式政策方向演化。对企业而言，政策性优惠在一定范围内会促进企业向着积极合作方向演化，但随着政策性优惠的增加，企业便感知到无论选择积极合作策略还是不合作策略受到的政策性优惠相同时，企业会出现“搭便车”的投机心理，减少经营成本支出，只享受政策性优惠而不与政府合作发展安全应急产业。因此，为确保政府给予政策性优惠发挥出更好的效用，政策性优惠的额度需控制在合理的范围内。

假定政府部门给予安全应急企业一次性补贴的初始值为 $S=50$，加大政府给予企业的一次性补贴，数值分别调整为 $S=200$、$S=350$、$S=500$。同样地，假定政府部门给予安全应急企业税率减免政策的初始值为 $r_1=17.5\%$，政府对企业以较低税率征收所得税，数值分别调

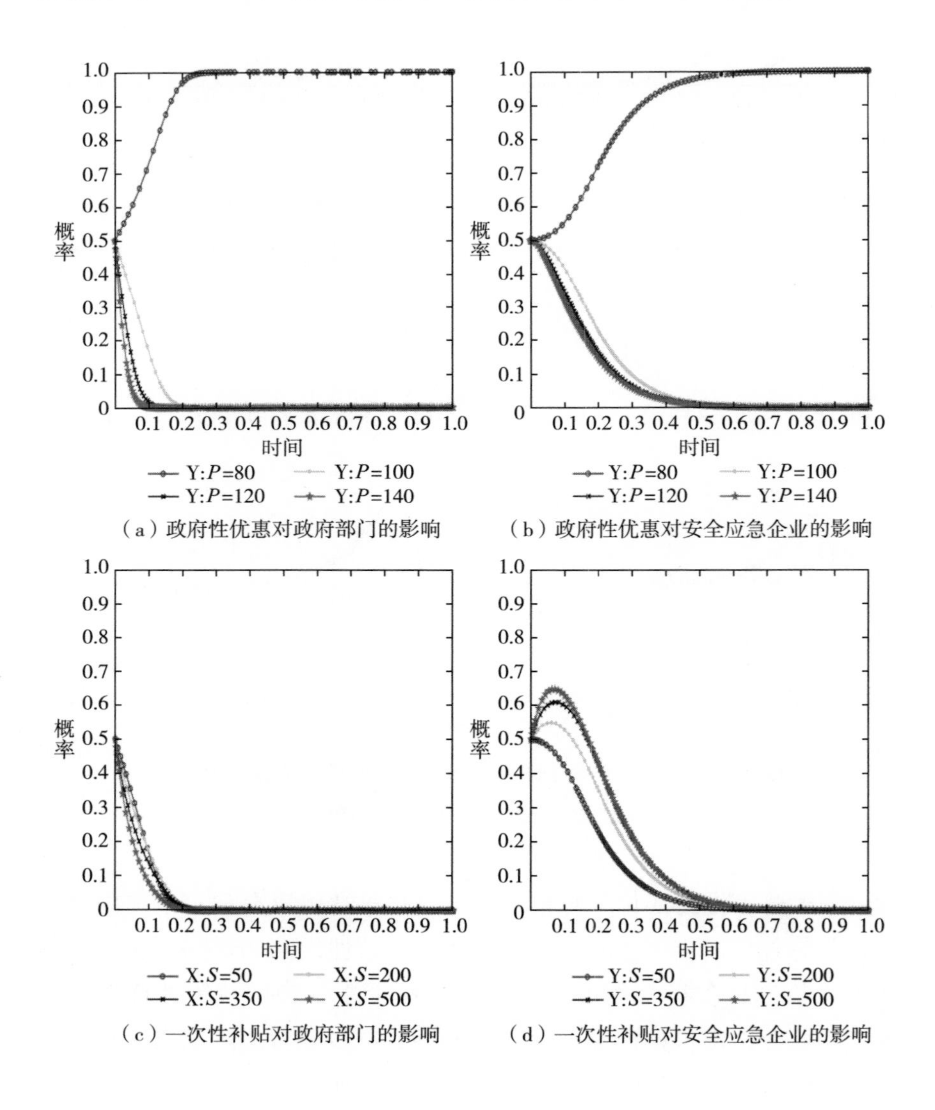

（a）政府性优惠对政府部门的影响

（b）政府性优惠对安全应急企业的影响

（c）一次性补贴对政府部门的影响

（d）一次性补贴对安全应急企业的影响

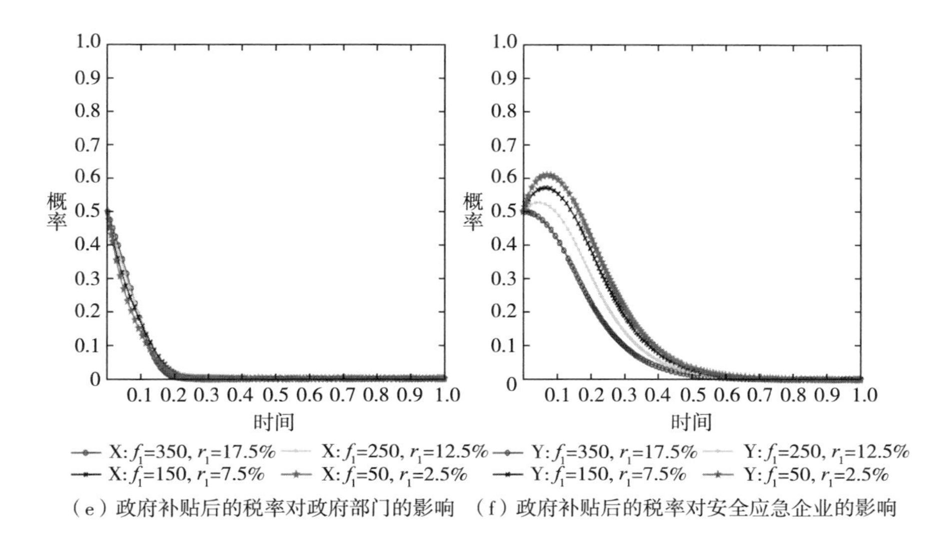

（e）政府补贴后的税率对政府部门的影响 （f）政府补贴后的税率对安全应急企业的影响

图 5-4 情景 1 条件下不同的政策性优惠 P、一次性补贴 S 和政府补贴后的税率 r_1 对地方政府和企业演化结果的影响

整为 $r_1 = 12.5\%$、$r_1 = 7.5\%$、$r_1 = 2.5\%$。由图 5-4（c）和（e）可以看出，一次性补贴和税率减免政策对政府部门的演化均起着反向作用，随着一次性补贴和税率降低幅度的加大，政府部门向流于形式政策方向演化的速率加快。关于上述两种政策对企业的作用效果，由图 5-4（d）和（f）可以看出，在短期内一次性补贴和税率减免政策能促进企业向着积极合作策略演化，且随着补贴力度的加大企业向积极合作方向演化的速率明显加快。但从长期来看，企业最终向不合作策略方向演化。当地方政府采取适当的支持性政策时，短期内企业在各类优惠政策下会与政府部门积极合作。但从长期来看，各类政府支出增多一方面加重政府的财政负担，另一方面企业认为自身的损失理应由政府补偿，因此，实际情况与预期的政府支持力度存在偏差，最终使博弈双方向｛流于形式政策，不合作｝方向演化并达到稳定。政府在博弈过程中，更应该准确把握鼓励政策实施程度，确保在合理的阈值内实行各项措施，促使企业积极做好应急资源的储备和供应。

（四）地方政府部门获得的额外收益 ΔR 对政府部门演化的影响

由图 5-5 可知，在满足假设 1 的约束条件下，地方政府部门采取积极鼓励政策并且企业选择与政府部门合作进行应急物资生产能力代储和实物储备等，这种决策行为使地方政府获得社会公众的认可、社会稳定等额外收益 ΔR，为了探究额外收益 ΔR 对政府部门决策行为的影响，分别取 $\Delta R=3600$、$\Delta R=3800$、$\Delta R=4000$ 和 $\Delta R=4200$，且保证其他参数不变。研究发现，政府部门获得的额外收益对其选择积极鼓励政策行为具有正向的影响，随着政府部门获得的额外收益越大，政府部门向着积极鼓励政策演化的速率越快。政府联合企业的代储行为，为政府部门应对各类突发事件提供重要保障，突发事件救援和处置效果被社交媒体传播可赢得公众的认可，一定程度上提升了政府的社会公信力，维护了社会的稳定。

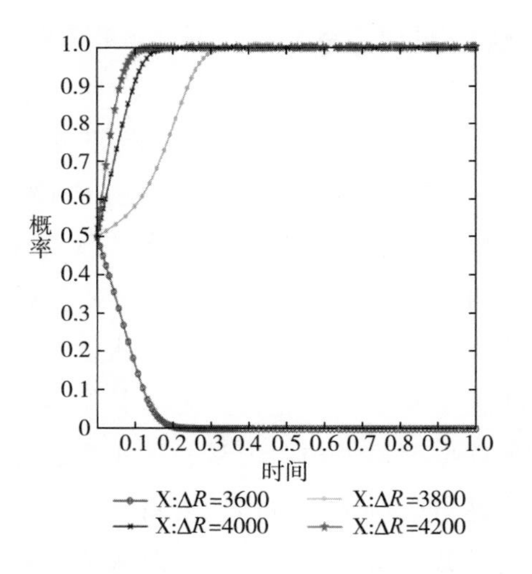

图 5-5　情景 1 条件下不同的额外收益对地方政府动态演化结果的影响

（五）地方政府的经济性损失 W 和社会公众信任损失 L_g 对政府部门演化的影响

由图 5-6 可知，在满足假设 1 的三个约束条件下，分别探讨地方政府的经济性损失 W 和社会公众信任损失 L_g 对政府部门演化的影响。

在其他参数不变的情况下，综合评估突发事件发生后可能造成的社会损失。其中，经济性损失的取值为 $W=100$、$W=300$、$W=500$ 和 $W=700$；社会公众信任损失取值为 $L_g=300$、$L_g=500$、$L_g=700$ 和 $L_g=900$。由图 5-6（a）可知，经济性损失在较低水平时地方政府向着流于形式政策策略方向演化并达到稳定状态，说明突发事件造成的经济性损失较少时，损失是在地方政府可接受的范围内，所以未能引起地方政府的重视。随着经济性损失的不断加大，到达一定限度后，地方政府会采取积极鼓励的政策提高应对突发事件的能力，弥补由于之前监管不力所造成的额外损失。同样地，如图 5-6（b）所示，一开始公众信任损失较低时，地方政府受到的信任损失干扰较少，最终演化的结果稳定在流于形式政策。随着地方政府感知到社会公众信任损失的不断加大，地方政府最终的稳定策略是积极鼓励政策且正向演化的速度随着损失的加大也越来越快。

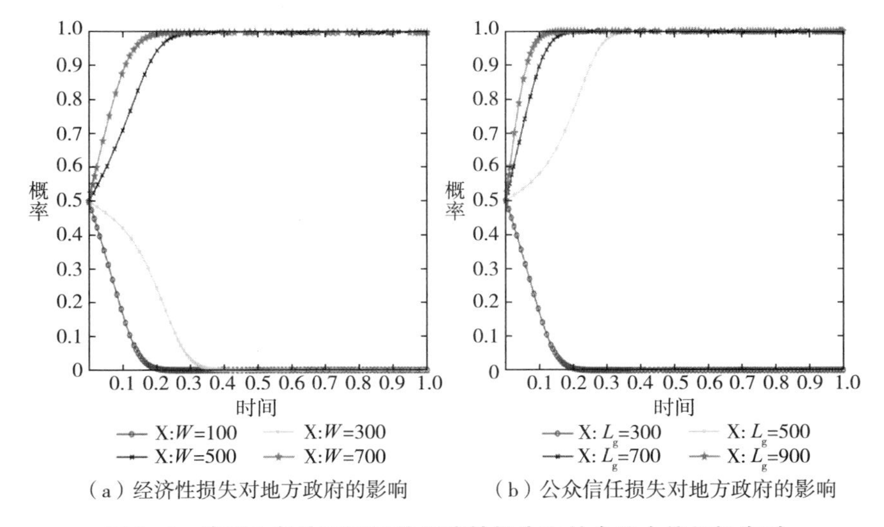

（a）经济性损失对地方政府的影响　（b）公众信任损失对地方政府的影响

图 5-6 情景 1 条件下不同的经济性损失和社会公众信任损失对地方政府动态演化结果的影响

（六）企业的社会声誉收益 I 以及企业损失 L_e 对安全应急企业演化的影响

由图 5-7 可知，在满足假设 1 的约束条件下，探究企业的社会声

誉收益 I 以及企业损失 L_e 对安全应急企业策略选择行为的影响。分析社会声誉收益对企业演化的影响分为以下两种情况：第一种整体变动 I 的初始值，如图 5-7（a）中分别取 $I=1200$、$I=1800$、$I=2400$、$I=3600$，且保证其他参数不变。企业获得良好的社会声誉收益对于企业选择与政府部门积极合作策略十分重要，政府合理地使用积极鼓励

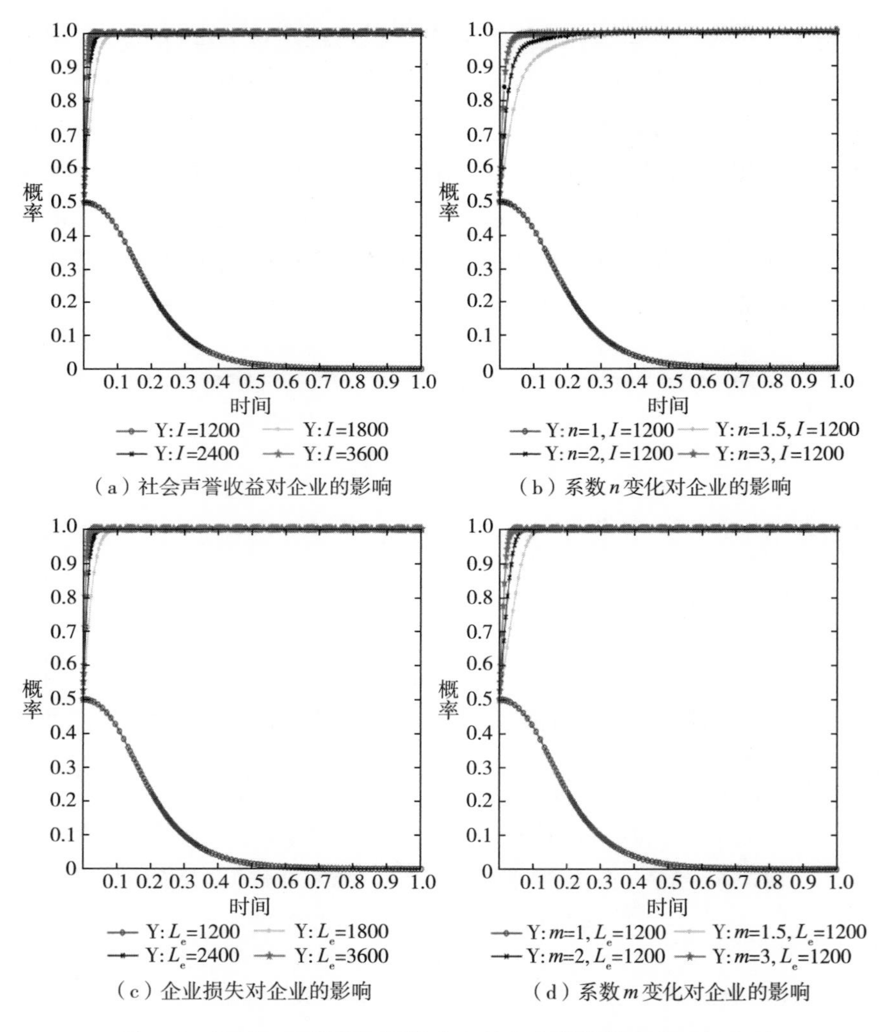

（a）社会声誉收益对企业的影响　（b）系数 n 变化对企业的影响
（c）企业损失对企业的影响　（d）系数 m 变化对企业的影响

图 5-7　情景 1 条件下不同的企业社会声誉收益和企业损失对企业动态演化结果的影响

政策，向社会宣传具有较强社会责任心的安全应急企业，并对积极合作以应对突发事件的企业给予资金支持和精神荣誉激励，以便于博弈双方向着｛积极鼓励政策，积极合作｝方向演化。当感知声誉初始值不变的情况下，如图 5-7（b）所示，变动 n 研究声誉收益差距对企业积极合作策略选择的影响，发现当企业积极合作带来的社会声誉收益足够大时，在无政策鼓励影响下企业依然会选择积极合作策略。由图 5-7（c）和（d）可知，企业损失与企业社会声誉对企业演化结果的影响大致相同，当企业最初受到损失较小时，企业会先向着不合作方向演化，当企业感知到损失加大时，企业会由原来的不合作转化为积极合作策略来规避损失风险。m 具有调节作用，企业在政府积极鼓励政策下若仍不选择积极合作策略，当发生突发事件后，相较于流于形式政策下的不合作策略，企业承受来自公众的加倍谴责，随着 m 的加大企业会加快向积极合作方向演化的速度。

二　在情景 2 中地方政府部门与安全应急企业策略演变的影响因素分析

由情景 2 中可知，在突发事件的潜伏期，政府承担着潜在的较大的公众信任损失和经济性损失的风险。此时地方政府在感知收益较少的情况下仍选择投入政策性补贴，以防止突发事件爆发给政府带来的巨大损失，还要避免突发事件社会性影响使社会民众恐慌加大，破坏社会的和谐稳定。我们在遵循以下原则的基础上对数据进行调整：①数据的调整均在合理的假设范围内；②所有数值的变动符合假设 4 的约束条件。需要同时满足假设 4 的三个约束条件：

（1）$ak_1\Delta R-P-2C_1+aW+aL_g>0$；

（2）$a\Delta R-aS+af_1-af_2+ak_2L_g-P-2C_1<0$；

（3）$aS+aI+amL_e+aR_2+f_3-af_1-C_2-R_3<0$。

探究政企双方策略的演变趋势和变化规律，可以通过上述原则设置数值来实现，具体参数变化见表 5-11。

表 5-11　　演化稳定策略仿真实验中部分参数变化的具体数值

参数	初始值	在假设 4 条件下参数变化					
		ΔR	P	W	L_g	I	L_e
ΔR	200	400；600；800	200	200	200	200	200
L_g	2500	2500	2500	2500	3000；3500；4000	2500	2500
W	2500	2500	2500	3000；3500；4000	2500	2500	2500
P	280	280	290；300；310	280	280	280	280
n	1	1	1	1	1	2；3；4	1
m	1	1	1	1	1	1	1.5；2；3
L_e	600	600	600	600	600	600	1000；1400；1800
I	600	600	600	600	600	1000；1400；1800	600
R_2	800	800	800	800	800	800	800

（一）突发事件概率变化对地方政府和安全应急企业动态演化的影响

在满足假设 4 约束条件下，观察概率 a 对政府部门和企业演化结果的影响。保持其他参数不变，a 的取值分别设置为 $a=0.1$、$a=0.11$、$a=0.12$、$a=0.13$。由图 5-8（a）可以观察到，在短时间内地方政府的策略选择向流于形式政策方向演化，但随着演化时间的推移，最终政府部门还是稳定在积极鼓励政策策略上，并且随着突发事件发生概率的增加政府部门短期内向反向演化的程度越小，向正向演化的速度越快。由图 5-8（b）可以看出，在企业声誉和损失处在较低水平时，突发事件发生概率的增加无法改变企业向不合作策略演化的结果。

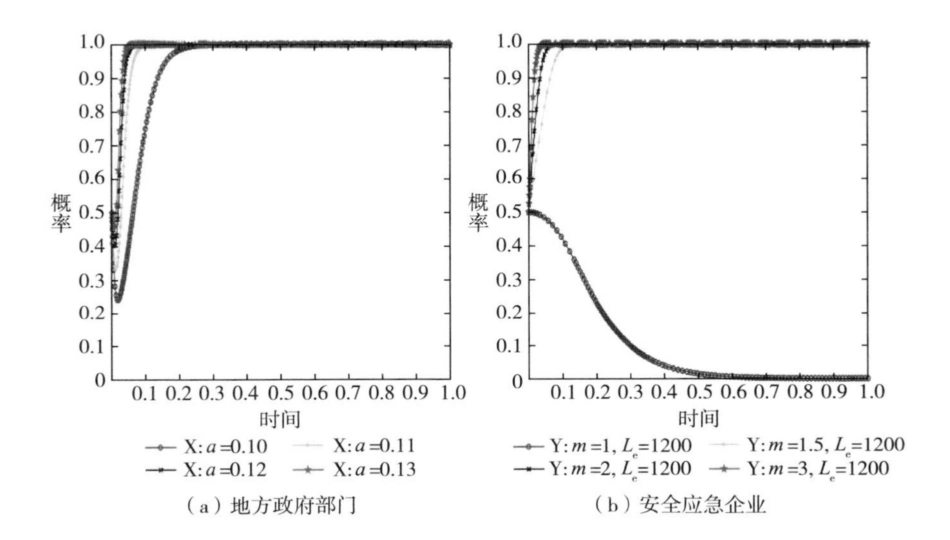

（a）地方政府部门　（b）安全应急企业

图 5-8　情景 2 条件下突发事件概率变化对地方政府和企业动态演化结果的影响

（二）地方政府的政策性优惠 P、一次性补贴 S 和政府补贴后的税率 r_1 对政府部门和企业演化的影响

在满足假设 4 的三个约束条件下，对情景 2 中地方政府受到较高经济性损失和社会公众信任损失时实施的政策性优惠 P、一次性补贴 S 和税率减免政策 r_1 进行分析，观察政企合作稳定状态。此时，设定政府部门给予政策性优惠的初始值为 $P=280$，持续加大 P 的值，从图 5-9（a）中发现，P 的增大使政府在短时间内向流于形式政策方向演化。但随着时间的推移，由于受到持续经济性损失和公众信任损失的威胁，政府部门仍会选择实施积极鼓励政策来解决政府监管部门面临的困境，当 P 达到一定数额时政府无法负担政策性优惠支出时，才会稳定在流于形式政策上。由图 5-9（c）和（e）可以看出，随着一次性补贴和政策性优惠的增加，政府部门演化均先向流于形式政策发展，然后稳定在积极鼓励政策上。与情景 1 不同的是，此时政府出台

的各种鼓励政策使政府演化均稳定在理想状态。从图 5-9（b）、（d）和（f）可以看出，企业在政府的积极鼓励政策下并未选择积极合作策略，此时，政府和企业的演化向｛积极鼓励政策，不合作｝方向进行，即企业享受着政府的政策性优惠等激励措施带来的收益却没有付诸行动。此时，政府的政策并未起到预期的成效，反而刺激了企业的“搭便车”行为。

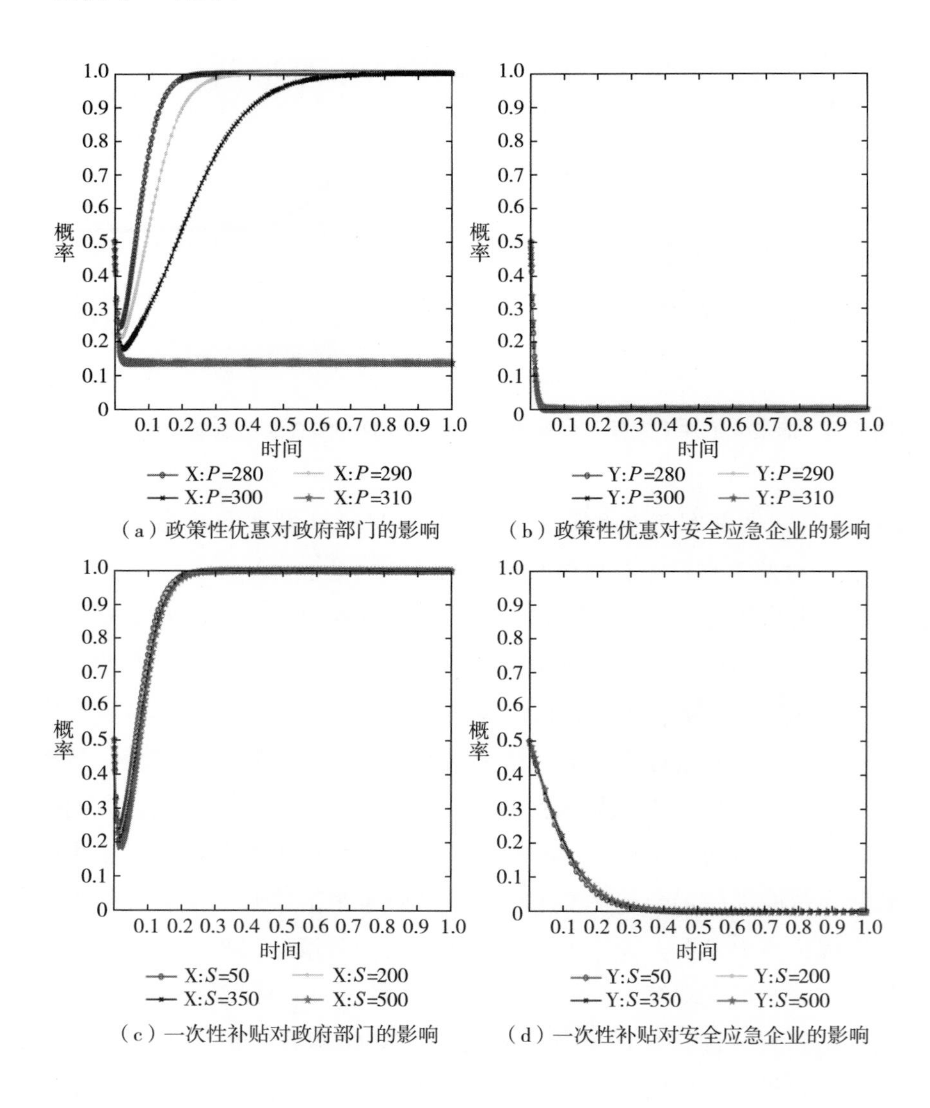

（a）政策性优惠对政府部门的影响

（b）政策性优惠对安全应急企业的影响

（c）一次性补贴对政府部门的影响

（d）一次性补贴对安全应急企业的影响

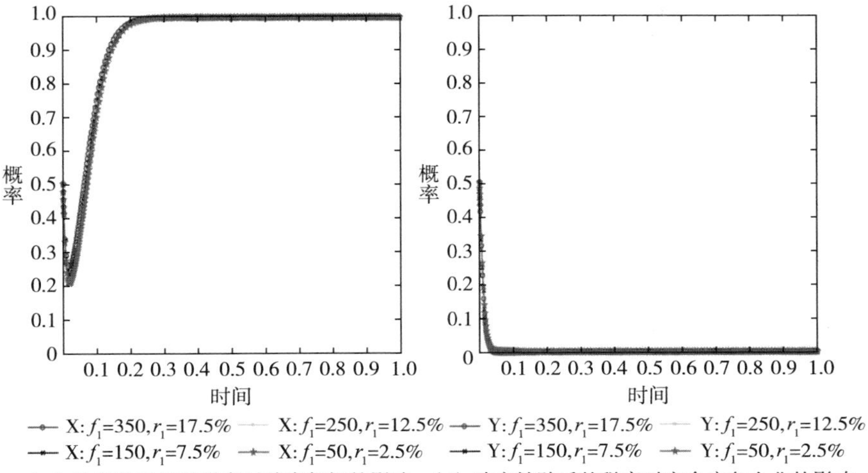

（e）政府补贴后的税率对政府部门的影响　（f）政府补贴后的税率对安全应急企业的影响

图 5-9　情景 2 条件下不同的政策性优惠 P、一次性补贴 S 和政府补贴后的税率 r_1 对地方政府和企业演化结果的影响

（三）地方政府部门获得的额外收益 ΔR 对政府部门演化的影响

在满足假设 4 的约束条件下，情景 2 中政府承受着巨大的经济性损失和公众信任损失，此时，地方政府获得的社会公众的认可、社会稳定等额外收益取值比较小，分别为 $\Delta R=200$、$\Delta R=400$、$\Delta R=600$ 和 $\Delta R=800$。由图 5-10 可知，在额外收益的影响下政府部门的演化

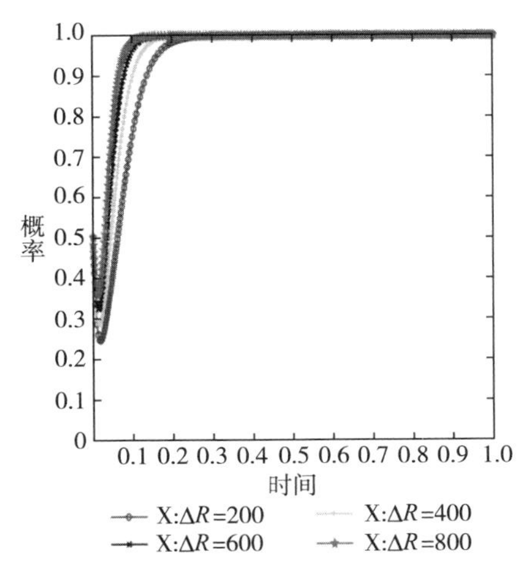

图 5-10　情景 2 条件下不同的额外收益对地方政府动态演化结果的影响

最终稳定在积极鼓励政策上，在某一时间节点后，收益的增大促进了政府部门正向演化的速率。其中，由于 ΔR 整体取值处在较低水平，在演化的初期额外收益带来的影响小于政府的损失，当政府感知到额外收益的作用较少时，在短时间内向流于形式政策方向演化。

（四）地方政府的经济性损失 W 和社会公众信任损失 L_g 对政府部门演化的影响

在满足假设 4 的三个约束条件下，分别探讨经济性损失 W 和社会公众信任损失 L_g 均较大的情景下地方政府的演化结果。在其他参数不变的情况下，在突发事件爆发期和影响期，由图 5-11（a）、（b）可知，如果地方政府未能建立良好的安全应急产业发展机制，会造成巨大的经济性损失。在突发事件爆发初期，地方政府没有充分认识到与安全应急企业达成合作协议的重要性，经济性损失的加大最终促使政府采取积极鼓励政策，联合企业构建应急物资产能储备基地等措施来避免损失风险。倘若政府部门未能处理好应急物资保障和及时供应的问题，那么社会公众信任损失持续增大，对政府部门的公信力形成威胁，最终也会使得政府向积极鼓励政策演化并达到稳定均衡。

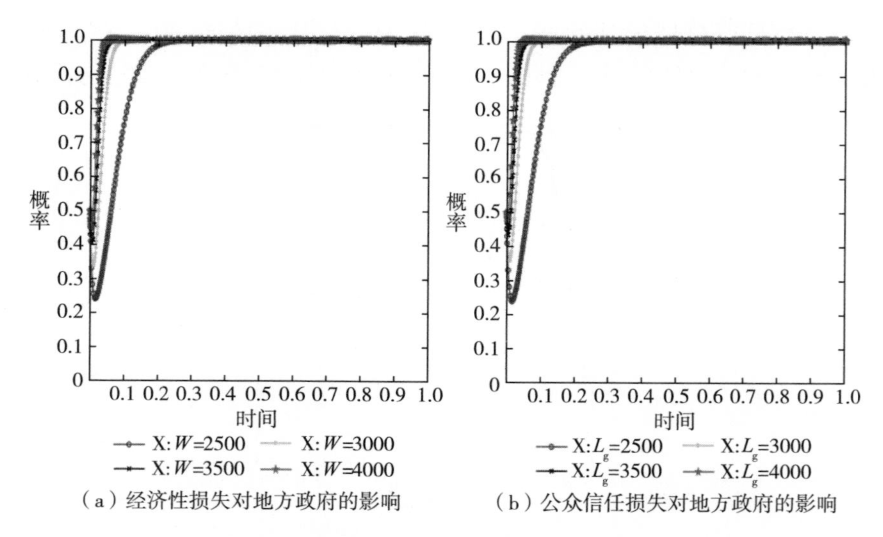

（a）经济性损失对地方政府的影响　　（b）公众信任损失对地方政府的影响

图 5-11　情景 2 条件下不同的经济性损失和社会公众信任损失对地方政府动态演化结果的影响

（五）企业的社会声誉收益 I 以及企业损失 L_e 对安全应急企业演化的影响

在满足假设 4 的约束条件下，对情景 2 中社会声誉收益 I 以及企业损失 L_e 均处在较低水平的企业演化情况进行分析。I 和 L_e 的初始值设为 $I=600$ 和 $L_e=600$，且保证其他参数不变。从图 5-12（a）和（c）可以看出，在满足假设条件下，企业声誉收益和损失风险在范围

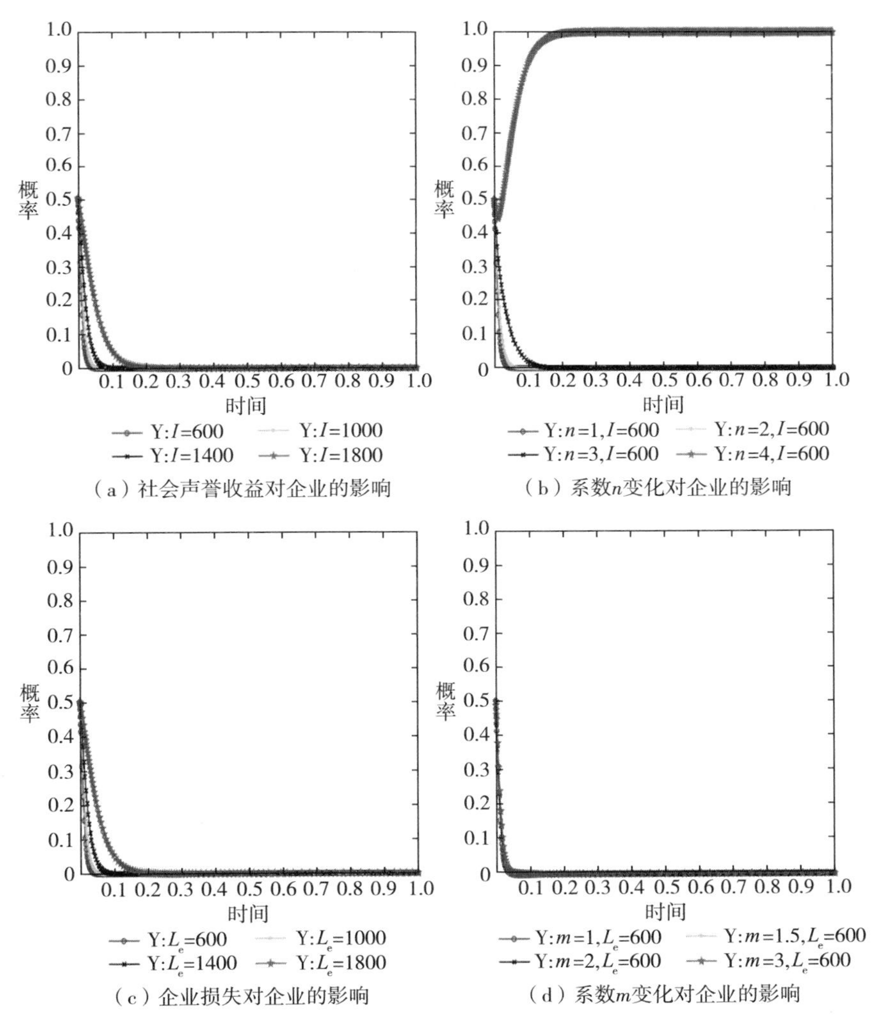

图 5-12　情景 2 条件下不同的企业社会声誉收益和损失对企业动态演化结果的影响

内的数值变化并未影响企业向积极合作方向演化时，反而企业的演化始终稳定在不合作策略。政府部门为降低损失而采取积极鼓励政策，某种程度上也提高了企业感知声誉收益和风险的阈值，图 5-12（b）、（d）可以验证该说法。相较于情景 1 的数值模拟，情景 2 状态下变动 m 和 n，只有加倍的声誉收益足够大时，企业才向积极合作方向演化，而企业损失在该情景下演化始终稳定在不合作策略上。政府部门应该借助新闻媒体和网络平台，加大宣传安全应急企业的良好声誉，维护安全应急企业的形象。

三　在情景 3 中央政府监管机制下地方政府部门与安全应急企业策略演变的影响因素分析

（一）引入中央政府惩罚机制对地方政府部门和安全应急企业演化的影响

在符合假设 5 的约束条件下对情景 3 进行模拟。在未引入中央政府惩罚机制时，地方政府初始状态是向流于形式政策方向演化。由图 5-13（a）可知，在博弈系统内加入惩罚 F 并把初始值设置为 $F=25$，并不断加大中央政府的惩罚力度，发现政府部门的演化均向积极鼓励政策方向演化。为了促进地方政府和安全应急企业向｛积极鼓励政策，积极合作｝这一最优策略演化，中央政府对地方政府适度的惩罚是有必要的。中央政府惩罚的数值越大，地方政府选择流于形式政策所付出的代价也越高，因此地方政府选择积极鼓励政策的概率增大。

由图 5-13（b）可知，引入中央政府的惩罚机制改变了企业初始状态的演化方向，惩罚的加大对企业的演化速率产生促进作用，进一步印证了中央政府的惩罚对企业有连带影响。

（二）引入中央政府惩罚机制对企业的社会声誉收益 I 以及企业损失 L_e 的动态演化的影响

对情景 1 中企业的初始社会声誉进行演化，发现企业受到中央政府惩罚机制的连带影响，由原来的不合作转向积极合作的方向，具体如图 5-14（a）所示。考虑到中央政府的惩罚也会对企业声誉的初始状态产生影响，因此调整企业的社会声誉，发现同等惩罚力度下对声誉的影响越大，企业向积极合作方向演化的速度越快。同样地，从

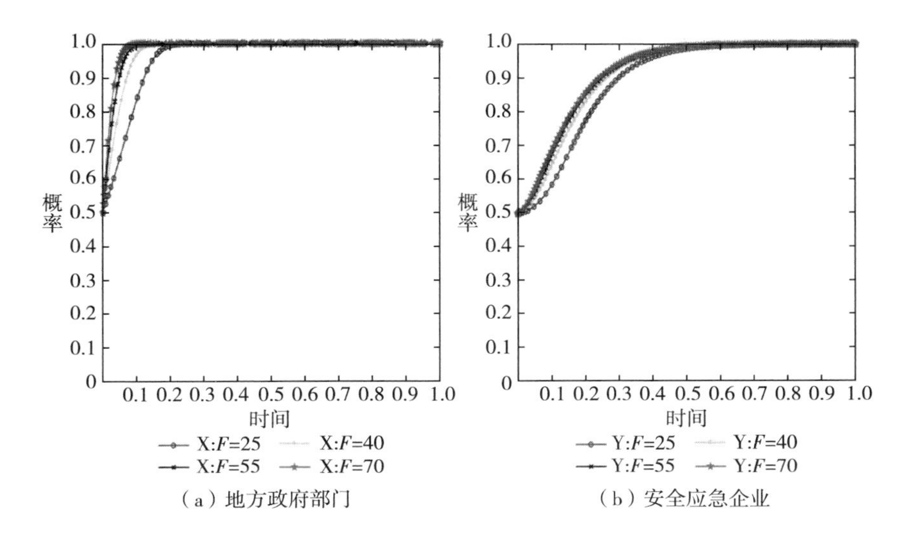

图 5-13　情景 3 条件下不同的惩罚力度对地方政府和安全应急企业动态演化结果的影响

图 5-14（b）可以看出，中央政府惩罚对企业损失的作用效果与企业社会声誉相同，说明中央政府的宏观调控政策能够间接影响企业的战略选择。

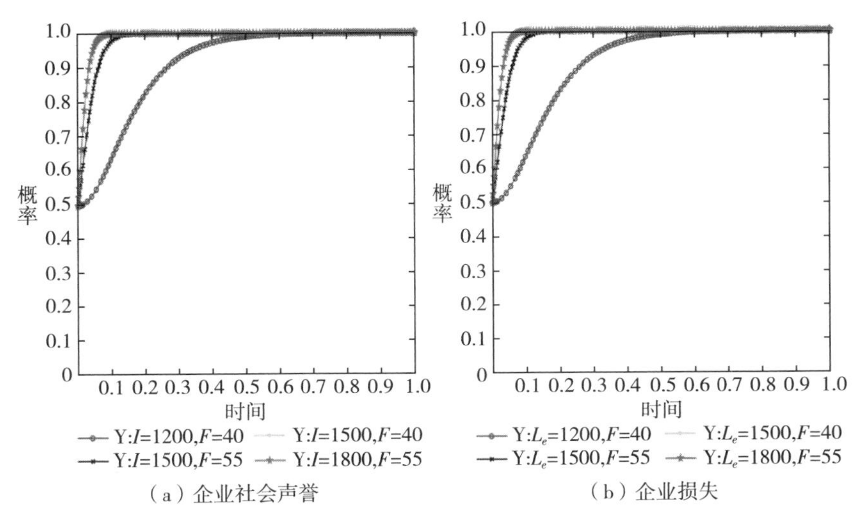

图 5-14　情景 3 条件下不同的社会声誉收益和企业损失对企业的动态演化结果影响

第四节　复杂网络情境下安全应急产业高质量发展政策框架分析

一　基于演化博弈的产业集群复杂网络技术创新扩散文献分析

（一）企业关系

随着社会经济的发展，在需求不断变化的市场竞争环境下，单个企业愈加难以全面地获取最新的知识和承担单独开发企业生产所需的技术[①]，创新的研究方向也在发生着变化，逐渐从关注个体到关注网络，再到关注产业集群中企业关系的研究。[②]

在产业集群中，市场经济的发展已不能单纯依靠企业间的竞争关系，而企业也必须学会合作才能实现自身长期的战略目标与经济效益。为了实现盈利的目标，企业只会与利益相似或趋同的企业进行合作，但竞争与合作是相互依存的，当利益相悖时，就会出现竞争关系，由此有了“竞合”的概念，即合作企业之间相互竞争、竞争企业之间相互合作。Nalebuff 和 Brandenburger[③] 最早提出了“竞合”的概念，认为竞合是两个及两个以上企业在一些活动中合作，又在另一些活动中竞争的现象。产业集群内部的竞合是一种获得长期竞争优势的行为，企业间的竞争产生创新的初始动力，企业间的合作则促进了创新的外溢。

当前关于集群内企业关系的研究较多偏向于集群整体的研究。[④]集群的技术水平决定了企业间的竞争程度，而集群内部集中度决定了

---

① 吴晓波：《全球化制造与二次创新：赢得后发优势》，机械工业出版社 2006 年版。

② 程跃：《协同创新网络成员关系对企业协同创新绩效的影响——以生物制药产业为例》，《技术经济》2017 年第 7 期。

③ Nalebuff, B. J. and Brandenburger, A. M., “Coopetition: Competitive and Cooperative Business Strategies for the Digital Economy”, *Strategy & Leadership*, 1997, 25 (6): 28-33.

④ 孙璐：《基于生态学理论的乡村旅游产业集群研究》，《商业经济研究》2016 年第 7 期。

企业间的合作程度。谢洪明等[①]通过对产业集群内企业关系影响个体竞争力的机制进行分析，发现产业集群是通过作用于企业的网络关系最终影响企业的竞争力的。产业集群内企业间的竞合关系较为复杂，并不能仅仅从产业集群整体的角度去探讨企业间的竞合关系，还应考虑个体间的互动机制。

（二）技术创新及其扩散

有些学者基于管理学的研究视角把技术创新当作企业进行开拓活动的最为有效的工具；也有一些学者基于市场学的研究视角，认为技术创新是新产品或工艺在商业上的首次应用；还有学者从经济的实际影响角度出发，认为技术创新是生产或供应函数的改变[②]。

20世纪初，美籍奥地利经济学家熊彼特（Schumpeter）最早对技术创新进行研究，他在《经济发展理论》中认为创新主要包括技术创新、制度创新和知识创新。魏洁云等[③]认为创新通过市场或非市场的渠道进行传播，没有扩散，创新便不可能影响经济。李忠宽[④]认为，在提高企业经济效益、增强发展活力和竞争力上，技术创新发挥着关键的作用。吴画斌等[⑤]把技术创新扩散的过程定义为随着时间的推移，技术创新通过一种或多种渠道在社会系统各成员或组织之间推广应用的过程。不同学者对于技术创新的观点大同小异，都强调了扩散的重要性。作为技术创新的鼻祖，熊彼特[⑥]认为技术进步和创新过程包括发明、创新和扩散三个阶段，很明显，技术创新的价值必须要通过扩散过程来进行实践和体现。但随着现代社会经济的飞速发展，以往的仅关注技术的研究已越来越不能适应市场日益多样的需求，消费者逐

---

① 谢洪明、金占明、陈盛松：《产业集群、企业行为与企业竞争力的实证研究》，《科学学与科学技术管理》2005年第5期。

② 余婷：《基于产业集群的技术创新及扩散系统分析》，硕士学位论文，华中科技大学，2007年。

③ 魏洁云等：《可持续供应链协同绿色产品创新研究》，《技术经济与管理研究》2020年第8期。

④ 李忠宽：《技术创新——经济发展的关键》，《科技管理研究》1989年第2期。

⑤ 吴画斌等：《创新引领下企业核心能力的培育与提高——基于海尔集团的纵向案例分析》，《南开管理评论》2019年第5期。

⑥ ［美］约瑟夫·熊彼特：《经济发展理论》，华夏出版社2015年版。

渐开始关注产品的内在品性。

技术创新扩散发展到现在，许多学者基于不同的角度运用不同的方法对其进行研究，已是较为成熟的理论。通过阅读大量文献，将不同学者对于技术创新扩散的理解进行梳理总结，如表 5-12 所示。

表 5-12　　不同学者对于技术创新扩散的理解

学者	年份	技术创新扩散
Schumpeter	2014	从根本上看，创新扩散过程就是潜在采纳者对已采纳者模仿的过程
Stoman	1984	一项新技术若想以相关方式影响经济，必须得到广泛的应用和推广
Rogers	2010	创新扩散是随着时间的推移，新产品或技术通过一种或多种渠道在社会系统成员中传播的过程
Mansfield	1968	技术创新扩散是一个主动性学习的模仿过程，若模仿中具有渐进性创新，便是一种高层次的学习
傅家骥	1998	技术创新在潜在使用者间通过某种方式传播的过程
许庆瑞	1990	实践证明的新技术可行性后，新技术被潜在的使用者引入生产中并广泛应用的过程

资料来源：李帅朝：《基于演化博弈的产业集群复杂网络质量技术创新扩散研究》，硕士学位论文，浙江工商大学，2022 年。

虽然国内外不同学者关于技术创新的理解有些许不同，但并不是因为概念本身存在分歧，而是因为不同学者对于技术创新分析和研究的理论视角不同。本书参考相关文献，将各研究视角的主要观点进行总结，如表 5-13 所示。

表 5-13　　不同理论对于技术创新扩散的主要观点

理论	代表人物	年份	主要观点
传播论	Rogers	2010	创新在一段时间通过特定渠道在某一社会系统的成员中传播的过程
学习论	Mansfield	1968	企业通过学习已采纳技术创新企业的实践经验探寻最佳时机进行采纳
选择论	Sahal	1985	技术创新依托个体对产品的选择与企业对技术的选择而得以扩散
效益论	Metcalfe	2021	经济利益驱使是企业开展技术创新扩散活动的重要动力

续表

理论	代表人物	年份	主要观点
博弈论	Reinganum	1989	企业通过博弈策略来决定采纳与否的创新决策

资料来源：李帅朝：《基于演化博弈的产业集群复杂网络质量技术创新扩散研究》，硕士学位论文，浙江工商大学，2022年。

综合国内外文献，大致可将研究产业集群技术创新的视角分为以下几类：产业集群技术创新的知识溢出；产业集群技术创新的竞争力；产业集群技术创新网络；产业集群技术创新的扩散效果。结合本书的研究方向主要讨论产业集群中技术创新的扩散效果，并对此方向相关文献进行简要梳理。

（三）基于复杂网络演化博弈的文献综述

仅从政策视角考虑，未能揭示安全应急企业在产业技术创新扩散中扮演的角色。然而，现有文献较少用复杂网络和演化博弈理论相结合的方法研究安全应急产业重点企业创新合作扩散现象。学者们对技术扩散的研究表明，复杂网络演化博弈模型能够有效刻画扩散过程中参与者之间的博弈和策略演化。

本书利用复杂网络演化博弈理论，构建扩散模型，研究政府积极鼓励政策对安全应急企业合作的微观决策以及宏观上安全应急企业技术扩散的作用。建立复杂网络演化博弈模型并通过数值仿真分析政府补贴比例、声誉机制和公众信任水平对安全应急企业合作扩散的动态影响。政府出台政策，加快建设安全应急产业发展基地，在一定程度上促进了安全应急企业的交流与合作，使产业发展呈现集群化。一方面，考虑政府政策的影响，拓展了安全应急企业扩散相关研究；从安全应急企业嵌入社会网络中的信息交互机制与行为决策模式入手，研究产业中安全应急企业合作扩散过程与涌现机制，从扩散机制方面丰富了安全应急企业技术扩散理论研究体系。关注政策对安全应急市场供给侧作用的影响，以市场需求侧与供给侧协调为思路，探索安全应急企业扩散的微观—宏观作用机制，为提高安全应急企业合作扩散效率，构建有效的产业发展干预机制提供参考借鉴。

二 网络结构模型

本书借助 BA 无标度网络来描述安全应急重点企业之间的网络交互结构。以产业竞争关系网络为载体构建产业复杂网络模型。产业竞争关系网络以企业为节点，以企业间竞争关系为边进行网络抽象。企业间是否存在竞争，取决于有限的资源和市场需求。安全应急企业在应急物资储备和供应中展开竞争，形成产业竞争关系网络。例如，基于安全应急企业的地域分布，通过其与竞争对手提供的产品的重叠程度刻画二者之间的竞争关系，实现安全应急产业竞争关系网络模型构建。由于本书的研究目的是利用复杂网络演化博弈模型研究安全应急企业合作扩散现象和规律，而非对安全应急产业竞争关系网络的刻画和分析，因此，本书遵循已有文献的做法，利用经典复杂网络模型展开分析。

网络中的节点表示每一个安全应急企业，产业复杂网络记为 $G=(V, E)$，其中 $V=\{v_1, v_2, \cdots, v_n\}$ 表示网络中的 n 个安全应急企业，$E=\{e_1, e_2, \cdots, e_m\}$ 表示网络中安全应急企业之间的直接连接（边）。若企业 v_i 和企业 v_j 是网络邻居，则边 $(v_i, v_j)=1$，否则 $(v_i, v_j)=0$。安全应急企业在网络中的边的总数和称为企业的度，制造商 v_i 的度记为 d_i。每个企业与它们的网络邻居进行博弈，并通过网络中的边进行策略学习。

三 博弈模型

在复杂网络视角下，探究安全应急企业间的动态交互对产业发展合作的影响。基于上述问题描述，提出以下几点基本假设条件：

（1）安全应急企业在面对合作问题时采取的策略集是｛主动合作 H，不合作 N｝，安全应急企业群体 1 选择“主动合作 H”策略的概率为 x，选择“不合作 N”策略的概率为 $1-x$；安全应急企业群体 2 选择“主动合作 H”策略的概率为 y，选择“不合作 N”策略的概率为 $1-y$。同样地，假设突发应急事件的概率仍为 $a(0\leqslant a\leqslant 1)$，相关参数及其含义见表 5-14。

（2）当安全应急企业选择｛主动合作 H，主动合作 H｝策略时，企业之间合作会有基本收益、政府部门给予的补贴收益和政策性优惠、企业获得的社会声誉收益以及社会公众信任收益，同时合作企业会存在合作成本支出，需要承担合作风险，安全应急企业 1 的收益记为 $U_{11}=[(1+s_1+w_1)R_1+I_1+T_1-C_1]ab_1-D_1$。同样地，安全应急企业 2 的收益记为 $V_{11}=[(1+s_2+w_2)R_2+I_2+T_2-C_2]ab_2-D_2$（见表 5-15）。

（3）当安全应急企业选择｛主动合作 H，不合作 N｝策略时，选择主动合作的企业 1 会损失合作收益，收益为 $U_{12}=[(s_1+w_1)R_1+I_1+T_1-C_1]ab_1-D_1$。选择不合作的企业 2 因为对方主动合作有一定的潜在收益，并缩减了企业的合作成本和合作风险，收益为 $V_{12}=ab_1P_2+D_2-aF_2$。同理，当安全应急企业选择｛不合作 N，主动合作 H｝策略时，收益变为 $U_{21}=ab_2P_1+D_1-aF_1$ 和 $V_{21}=[(s_2+w_2)R_2+I_2+T_2-C_2]ab_2-D_2$。

（4）当安全应急企业选择｛不合作 N，不合作 N｝策略时，安全应急企业 1 和企业 2 会受到来自政府部门的惩罚，收益变为 $U_{22}=-aF_1$ 和 $V_{22}=-aF_2$。

表 5-14　企业合作博弈参数及其含义

参数	含义
$a(0\leqslant a\leqslant 1)$	突发应急事件的概率
b_i	安全应急企业的主动合作意愿
R_i	安全应急企业的主动合作产生的基本收益
$S_i(0\leqslant S_i\leqslant 1)$	安全应急企业选择主动合作策略时政府给予企业的补贴系数
w_i	安全应急企业选择主动合作策略时政府给予企业的政策性优惠系数
I_i	安全应急企业合作产生的社会声誉收益
T_i	安全应急企业合作产生的社会信任收益
P_i	安全应急企业由于对方主动合作产生的潜在收益
C_i	安全应急企业合作会产生的成本
D_i	安全应急企业合作会产生的合作风险
F_i	安全应急企业选择不合作时政府部门给予的惩罚

表 5-15 安全应急企业的博弈支付矩阵

		安全应急企业 2	
		主动合作 $H(y)$	不合作 $N(1-y)$
安全应急企业 1	主动合作 $H(x)$	$U_{11}=[(1+s_1+w_1)R_1+I_1+T_1-C_1]ab_1-D_1$ $V_{11}=[(1+s_2+w_2)R_2+I_2+T_2-C_2]ab_2-D_2$	$U_{12}=[(s_1+w_1)R_1+I_1+T_1-C_1]ab_1-D_1$ $V_{12}=ab_1P_2+D_2-aF_2$
	不合作 $N(1-x)$	$U_{21}=ab_2P_1+D_1-aF_1$ $V_{21}=[(s_2+w_2)R_2+I_2+T_2-C_2]ab_2-D_2$	$U_{22}=-aF_1$ $V_{22}=-aF_2$

假设安全应急企业 1 选择主动合作策略 G_1 的期望收益为 U_1，选择不合作策略 G_2 的期望收益为 U_2，安全应急企业 1 的平均期望收益为 $\overline{U}$，则有：

$$\begin{aligned}U_1&=yU_{11}+(1-y)U_{12}\\&=ab_1R_1y+[(s_1+w_1)R_1+I_1+T_1-C_1]ab_1-D_1\end{aligned}\tag{5.16}$$

$$\begin{aligned}U_2&=yU_{21}+(1-y)U_{22}\\&=(ab_2P_1+D_1)y-aF_1\end{aligned}\tag{5.17}$$

$$\begin{aligned}\overline{U}&=xU_1+(1-x)U_2\\&=x[yU_{11}+(1-y)U_{12}]+(1-x)[yU_{21}+(1-y)U_{22}]\\&=xyU_{11}+x(1-y)U_{12}+(1-x)yU_{21}+(1-x)(1-y)U_{22}\end{aligned}\tag{5.18}$$

联立式（5.16）至式（5.18）可以得到安全应急企业 1 的复制动态方程为：

$$\begin{aligned}F(x)=\frac{dx}{dt}&=x(U_1-\overline{U})=x(1-x)[y(U_{11}-U_{21})+(1-y)(U_{12}-U_{22})]\\&=x(1-x)\{(ab_1R_1-ab_2P_1-D_1)y+[(s_1+w_1)R_1+I_1+T_1-C_1]ab_1\\&\quad-D_1+aF_1\}\end{aligned}\tag{5.19}$$

安全应急企业 2 的期望收益：

$$\begin{aligned}V_1&=xV_{11}+(1-x)V_{21}\\&=ab_2R_2y+[(s_2+w_2)R_2+I_2+T_2-C_2]ab_2-D_2\end{aligned}\tag{5.20}$$

$$\begin{aligned}V_2&=xV_{12}+(1-x)V_{22}\\&=(ab_1P_2+D_2)y-aF_2\end{aligned}\tag{5.21}$$

安全应急企业 2 的平均期望收益：

$$\begin{aligned}\overline{V}&=yV_1+(1-y)V_2\\&=y[xV_{11}+(1-x)V_{21}]+(1-y)[xV_{12}+(1-x)V_{22}]\\&=xyV_{11}+(1-x)yV_{21}+x(1-y)V_{12}+(1-x)(1-y)V_{22}\end{aligned}\tag{5.22}$$

联立式（5.20）至式（5.22）可以得到安全应急企业2的复制动态方程为：

$$\begin{aligned}F(y)=\frac{dy}{dt}&=y(V_1-\overline{V})=y(1-y)[x(V_{11}-V_{12})+(1-x)(V_{21}-V_{22})]\\&=y(1-y)\{(ab_2R_2-ab_1P_2-D_2)y+[(s_2+w_2)R_2+I_2+T_2-C_2]ab_2\\&\quad-D_2+aF_2\}\end{aligned}\tag{5.23}$$

联立式（5.19）和式（5.23）建立安全应急企业的二维动力系统（Ⅰ），则有：

$$\begin{cases}F(x)=\dfrac{dx}{dt}=x(1-x)\{(ab_1R_1-ab_2P_1-D_1)y+[(s_1+w_1)R_1+I_1+T_1-C_1]ab_1\\\qquad -D_1+aF_1\}\\F(y)=\dfrac{dy}{dt}=y(1-y)\{(ab_2R_2-ab_1P_2-D_2)x+[(s_2+w_2)R_2+I_2+T_2-C_2]ab_2\\\qquad -D_2+aF_2\}\end{cases}\tag{5.24}$$

进一步求系统（Ⅰ）的均衡点，如下所示：

令 $F(x)=0$，可以得到：

$x_1=0$

$x_2=1$

$$y^*=\frac{-[(s_1+w_1)R_1+I_1+T_1-C_1]ab_1+D_1-aF_1}{ab_1R_1-ab_2P_1-D_1}$$

令 $F(y)=0$，可以得到：

$y_1=0$

$y_2=1$

$$x^*=\frac{-[(s_2+w_2)R_2+I_2+T_2-C_2]ab_2+D_2-aF_2}{ab_2R_2-ab_1P_2-D_2}$$

根据以上复制动态系统（Ⅰ），求得均衡点 $(x, y)\in\{(x, y)|0\leqslant x\leqslant 1, 0\leqslant y\leqslant 1\}$，包括（0，0）、（0，1）、（1，0）、（1，1），当

且仅当 $0 \leqslant x^* \leqslant 1$ 和 $0 \leqslant y^* \leqslant 1$ 时，存在系统均衡点（x^*，y^*）。

根据 Friedman 提出的方法，对系统（Ⅰ）求偏导构造雅可比(Jacobian) 矩阵 $J_1(x, y)$ 并分析各均衡点的稳定性，结果如式（5.25）和式（5.26）所示。由演化博弈理论可知，如果想要获得演化稳定策略（ESS），其所对应的雅可比矩阵需要同时满足两个条件，即行列式 $Det(J)>0$、迹 $Tr(J)<0$。

$$J_1(x, y)=\begin{bmatrix} \frac{\partial F(x)}{\partial x} & \frac{\partial F(x)}{\partial y} \\ \frac{\partial F(y)}{\partial x} & \frac{\partial F(y)}{\partial y} \end{bmatrix} \tag{5.25}$$

然后，雅可比矩阵 $J_1(x, y)$ 中的每个元素具体表示如下：

$$\frac{\partial F(x)}{\partial x}=(1-2x)\{(ab_1R_1-ab_2P_1-D_1)y+[(s_1+w_1)R_1+I_1+T_1-C_1]ab_1-D_1+aF_1\}$$

$$\frac{\partial F(x)}{\partial y}=x(1-x)(ab_1R_1-ab_2P_1-D_1)$$

$$\frac{\partial F(y)}{\partial x}=y(1-y)(ab_2R_2-ab_1P_2-D_2)$$

$$\frac{\partial F(y)}{\partial y}=(1-2y)\{(ab_2R_2-ab_1P_2-D_2)x+[(s_2+w_2)R_2+I_2+T_2-C_2]ab_2-D_2+aF_2\} \tag{5.26}$$

接下来，通过计算雅可比矩阵的特征值，进一步确定行列式和迹条件的正负。特征值的计算结果如表 5-16 所示。

表 5-16　　企业与企业构成的演化博弈系统的特征值

均衡点 $E_i(x, y)$ ($i=1, 2, 3, 4$)	特征值 λ_{i1}	特征值 λ_{i2}
$E_1(0, 0)$	$\lambda_{11}=[(s_1+w_1)R_1+I_1+T_1-C_1]ab_1-D_1+aF_1$	$\lambda_{12}=[(s_2+w_2)R_2+I_2+T_2-C_2]ab_2-D_2+aF_2$
$E_2(0, 1)$	$\lambda_{21}=(ab_1R_1-ab_2P_1-D_1)y+[(s_1+w_1)R_1+I_1+T_1-C_1]ab_1-D_1+aF_1$	$\lambda_{22}=-[(s_2+w_2)R_2+I_2+T_2-C_2]ab_2+D_2-aF_2$

续表

均衡点 $E_i(x, y)$ ($i=1, 2, 3, 4$)	特征值 λ_{i1}	特征值 λ_{i2}
$E_3(1, 0)$	$\lambda_{31}=-[(s_1+w_1)R_1+I_1+T_1-C_1]ab_1+D_1-aF_1$	$\lambda_{32}=ab_2R_2-ab_1P_2-D_2$
$E_4(1, 1)$	$\lambda_{41}=-(ab_1R_1-ab_2P_1-D_1)-[(s_1+w_1)R_1+I_1+T_1-C_1]ab_1+D_1-aF_1$	$\lambda_{42}=-(ab_2R_2-ab_1P_2-D_2)-[(s_2+w_2)R_2+I_2+T_2-C_2]ab_2+D_2-aF_2$

经过计算，均衡点稳定性分析如表 5-17 所示。

表 5-17　企业与企业构成的演化博弈系统的均衡点稳定性分析

	假设 1			假设 2			假设 3			假设 4		
均衡点	$Det(J)$	$Tr(J)$	稳定性	$Det(J)$	$Tr(J)$	稳定性	$Det(J)$	$Tr(J)$	稳定性	$Det(J)$	$Tr(J)$	稳定性
E_1 (0,0)	+	-	ESS	-	N	鞍点	-	N	鞍点	+	+	不稳定点
E_2 (0,1)	+	+	不稳定点	+	+	不稳定点	-	N	鞍点	+	-	ESS
E_3 (1,0)	+	+	不稳定点	-	N	鞍点	-	N	鞍点	+	-	ESS
E_4 (1,1)	+	-	ESS	-	N	鞍点	-	N	鞍点	+	+	不稳定点
$E_5(x^*, y^*)$	-	0	非平衡点	+	0	非平衡点	+	0	非平衡点	-	0	非平衡点

四　安全应急企业合作关系的网络拓扑结构

复杂网络拓扑结构类型众多，包括随机网络、规则网络、小世界网络、无标度网络等，不同类型的网络由于生成算法的不同，其表现出来的结构、性质是有所差异的。无标度网络是复杂网络研究中重要的模型，解释了复杂网络自组织演化过程的自增长和择优特性，该特性与安全应急企业的演化过程相匹配。应急企业具有异质性，大多数企业更倾向于与网络中互动频率较高、规模较大的企业进行互动，反映出依托企业合作形成社会网络的无标度特征。本书选择无标度网络来表示安全应急企业社区网络，现实中的安全应急企业网络规模远大于本书设定的规模，但不断增长的网络规模并不会影响本书的仿真结论。

五　安全应急企业合作关系的网络演化规则

在每个演化周期，安全应急企业与其邻居用户进行博弈，每个博弈方的收益为其与所有邻居进行博弈所得收益的累加和。博弈个体根据其与邻居的收益比较进行策略更新，目前最常见的策略更新规则包括模仿收益最大的邻居策略、复制动力学、配对比较和基于 Moran 过程的自然选择规则。根据用户的有限理性以及互动创新社区内的环境干扰，本书选择配对比较这一策略更新规则，个体随机选择 1 位邻居后，个体在下一演化周期中模仿对方策略的概率为①：

$$P_{s_i \to s_j} = \frac{1}{1+e^{(U_i-U_j)/m}}$$

其中，$P_{s_i \to s_j}$ 表示企业 i 模仿邻居 j 策略的概率，U_i 和 U_j 表示安全应急企业 i、j 的累加收益和，m 表示安全应急企业群体所在的外部环境噪声大小，刻画了个体的非理性程度。当 $m \to 0$ 时，代表个体具有完全理性，企业只会模仿高于自身收益的策略，而随着 m 的增加，个体理性程度降低，企业模仿低收益邻居行为的可能性增加。

第五节　基于复杂网络的演化博弈模型仿真实验及结果分析

一　仿真步骤及初始参数设置

为验证模型的有效性与科学性，本书利用 Matlab 软件模拟了安全应急企业合作创新行为的演化过程，通过比较不同条件下的仿真图形，探讨影响社区知识共享的关键因素，并对仿真结果进行分析。具

① 李从东等：《基于网络演化博弈的互动创新社区用户知识共享行为影响因素研究》，《现代情报》2021 年第 4 期。

体仿真步骤如下：

步骤1：初始化给定一个社区网络，即无标度网络 $G(V, E)$；

步骤2：将初始策略随机分配给网络中的每个节点，并设定博弈支付矩阵的参数值；

步骤3：进行一次博弈；

步骤4：网络中节点随机选择邻居节点进行收益比较，并以配对比较规则进行策略更新；

步骤5：转至步骤3，直至达到预定时间步长结束。

二　仿真结果分析

（一）不同节点下企业与企业的网络结构

在现实世界中，许多系统嵌入在社会系统中，并具有拓扑和统计特征。演化博弈过程与网络结构有着密切的关系。学者们从不同的角度研究了社会网络的结构，发现社会网络在形成初期是随机的，逐渐呈现出无标度或小世界网络的特点。为了充分揭示政府政策以及声誉机制对安全应急企业扩散的影响，本书以 BA 无标度网络（见图 5-15）为载体，研究了安全应急企业扩散的网络演化规律。

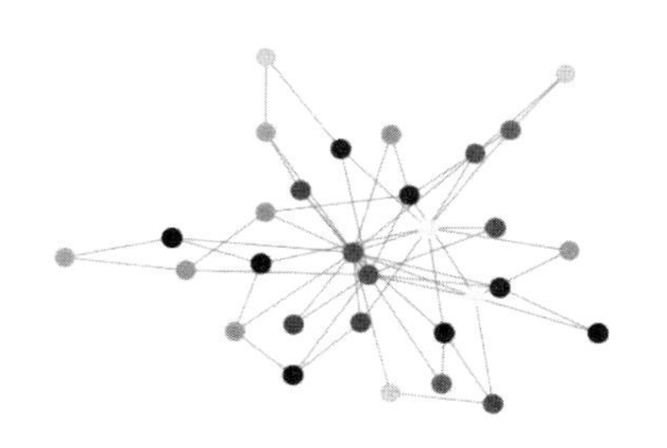

（a）30个节点的无标度网络

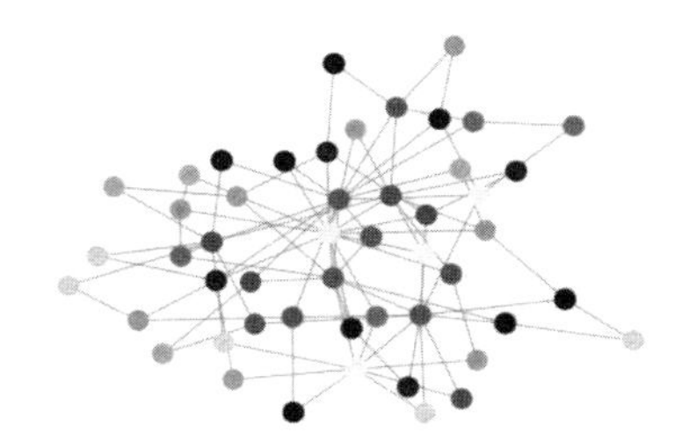

（b）50个节点的无标度网络

图 5-15　不同节点下企业与企业的无标度网络

（二）网络规模对安全应急企业合作演化影响分析

本书分别是在 30 个节点和 50 个节点条件下的企业社会网络演化结果。从图 5-16 中相同参数设置不同网络规模的演化仿真结果可以看出，不同参数条件下的最终演化结果一致，即在无标度网络中，网络规模几乎不影响企业合作技术扩散的演化水平。网络规模为50个节点的社区网络在10个时间步长左右基本达到稳定状态，规模为30个节点的社区网络在5个时间步长前后基本达到稳定状态。由图5-16可知，企业网络规模越大，最终达到演化稳定状态的时间就越长。在规模较小的网络中，节点度越小，选择稳定策略的时间越短。规模较大的网络中节点博弈时，节点之间的交互关系、收益对比与策略学习过程较复杂，网络到达到稳定状态的时间较长。

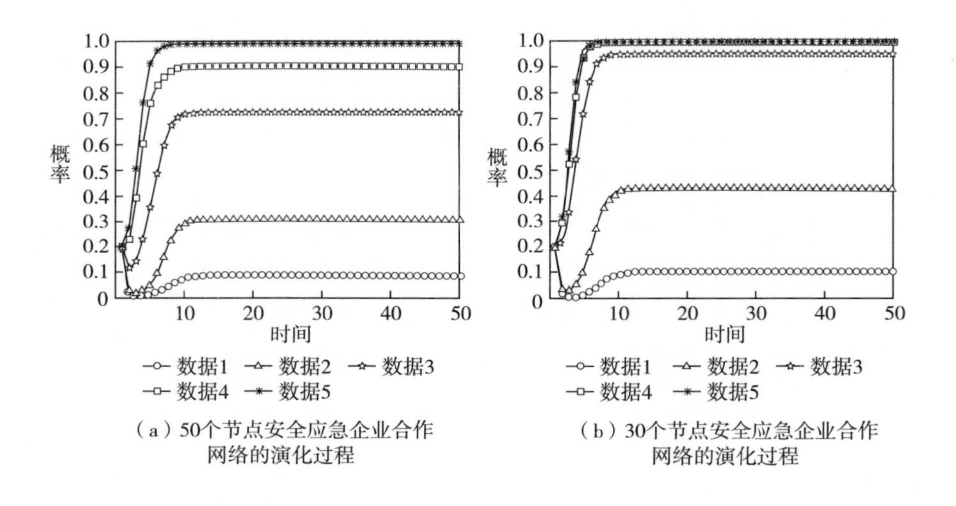

（a）50个节点安全应急企业合作网络的演化过程

（b）30个节点安全应急企业合作网络的演化过程

图5-16 不同节点下企业与企业的合作网络的演化过程

第六节 本章小结

通过构建地方政府与安全应急企业的演化博弈模型，分析在不同情景条件下博弈双方的行为策略的演化过程，不仅讨论政府鼓励政策对企业策略选择的影响，还重点评估了声誉机制对政府与企业演化结果的影响。研究还发现，合理的中央惩罚机制是地方政府与安全应急企业演化稳定策略由（0，0）演化至（1，1）的关键。基于数值算例对博弈模型进行多情景推演得出以下结论：

（1）从情景1的演化结果可以看出，地方政府和安全应急企业的双方演化系统会出现｛流于形式政策，不合作｝和｛积极鼓励政策，积极合作｝两种可能的稳定结果。适度的政策性优惠能使地方政府和安全应急企业的演化达到理想状态。一次性补贴和降低税率政策在短时间内能促进企业向着积极合作方向演化，而长时间企业会出现“搭便车”的投机心理，不利于联合企业实现生产能力代储和实物储备，难以确保做好应急资源保障工作。政府和企业均会关注自己的社会声誉收益，所以宣传和维护政府和企业良好的公众形象，有利于实现政企合作促进安全应急产业发展。同样地，政企感知损失较大时，政企也会寻求合作来规避风险，降低自身损失。

（2）从情景2的演化结果可以看出，地方政府和安全应急企业的双方演化系统会出现｛流于形式政策，积极合作｝和｛积极鼓励政策，不合作｝两种可能的稳定结果。由于地方政府受到较大的风险损失的威胁，政府部门更希望选择积极鼓励政策达成与安全应急企业合作机制，达到缓解政府监管压力的目的。加大政策性优惠和一次性补贴等激励措施的实施力度，未能使企业向与政府积极合作方向转变，反而加重了政府的财政压力，刺激了企业的“搭便车”行为。在该情景下，最有效的手段是通过提高政府和企业的社会声誉收益来实现政企合作共同促进安全应急产业发展。

（3）从情景3的演化结果可以得出，中央政府惩罚机制能够有效促使地方政府和安全应急企业构成博弈系统并向理想状态｛积极鼓励政策，积极合作｝方向演化。中央政府的惩罚对安全应急企业有积极的连带效应，间接影响了企业的战略选择。

（4）传统演化博弈方法与网络演化博弈方法得到的企业演化均衡条件并不相同。传统演化博弈方法构建的模型更为理想化，忽略了企业之间的交互关系，并未考虑网络规模效应对策略选择的影响。本章节旨在为研究应急企业的合作共享行为提供模拟情景演练，供具体实践参考。

为实现政府和企业达成共同促进安全应急产业发展合作，提出以下几点建议：

（1）政府创新政策具有双重效应，要注意扬长避短。政府出台多种激励政策，一方面提高了安全应急企业与政府部门在安全应急方面的合作意愿，有利于政企联合实现安全应急产业发展；另一方面也容易扩大社会回报和企业回报的差距，刺激“搭便车”行为出现。因此，政府部门需要建立健全安全应急产业发展体系，提升安全应急产业建设水平，打造科学高效的政企合作机制。

（2）政府部门做好政策的宣传，让企业充分了解政府政策，同时政府与企业达成实际合作后应提高对企业的监督和管理。注重宣传安全应急企业的良好形象，明确声誉机制对于政企合作的重要性。同时，中央政府实施的惩罚可以有效防止地方政府不作为，为我国安全应急产业发展提供保障。

本章研究目的是促进政府与安全应急企业合作以实现安全应急产业发展，更好地应对各类突发事件，减少社会损失。提出的研究模型对可能出现的情况进行了分类讨论，同时也为国家和国际层面的政企合作研究提供了参考。研究还存在一些局限性：

（1）影响政企合作水平的影响因素仍需要扩充。本章强调了声誉机制的重要性，利益相关者声誉效益的获得离不开信息传播的支持，未来的研究中会考虑区块链支持的数字人道主义网络（BT-DHN）设计以及信息资源协调等因素对安全应急产业发展问题的影响。技术水平是降低应急资源储备成本的关键因素之一，特别是在将人工智能技术应用于政企合作促进安全应急产业发展上，后续可以代入模型做定量化分析其给政企双方带来多大的潜在收益。

（2）忽视了决策主体风险偏好因素对结果的影响，未来研究可以结合前景理论做进一步分析。

第六章　安全应急产业高质量发展路径选择评价

根据前文分析可以发现，安全应急产业高质量发展的影响因素众多，不同影响因素之间有机组合即安全应急产业的发展路径。本章将运用前文分析得到的影响因素探索安全应急产业高质量发展路径，并为区域选择安全应急产业发展路径构建评价匹配模型。这对于区域提升安全应急产业创新引领作用，实现依靠创新驱动的内涵式增长具有重要意义。

第一节　基于影响因素的安全应急产业发展路径与选择依据

一　安全应急产业典型发展路径

根据前文分析，安全应急产业发展受到政府、发展环境、要素条件、市场和产业内部等多个因素的直接和间接影响，通过对这些因素进行有机组合，可以构建不同类型的安全应急产业发展路径，其中典型的路径有以下三种类型（见图 6-1）。

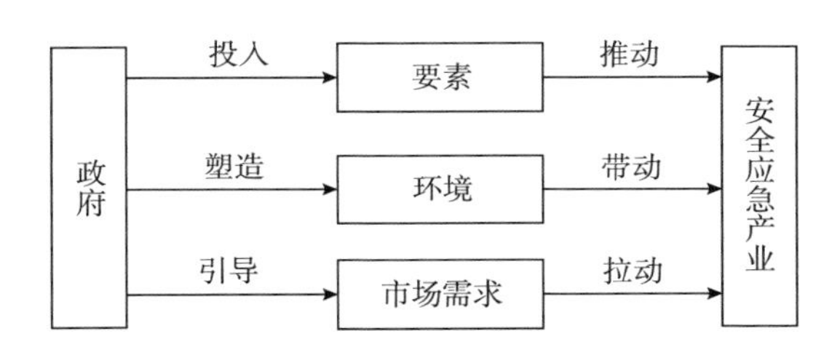

图 6-1　基于政府推动的安全应急产业发展路径

路径一：要素推动型，即区域政府通过直接和间接加大要素投入促进安全应急企业高质量发展。该路径具体内容包括：一是政府出台各类扶持政策、财税政策、投融资政策为安全应急企业提供直接和间接的资金要素支持。二是政府通过推动科研管理体制改革、产业科研平台建设、产学研合作等方式为安全应急企业提供科技要素，促进产业创新成果的涌现，为产业发展提供创新动力。三是政府通过各类政策引进和培养人才，为安全应急产业发展提供人才要素支撑。

路径二：环境带动型，即区域政府通过改善软性发展环境等因素促进安全应急企业高质量发展。该路径包括三个内容：一是改善招商引资环境，招商引资是产业发展的源头活水，能够吸引更多的企业进驻，增加企业数量。二是改善企业营商环境，为企业发展提供良好的市场条件，提升企业发展质量和规模。三是通过提升政府服务质量，不断进行管理体制改革，实行放权赋能，为企业发展不断减负、提供充足动能。

路径三：需求拉动型，即区域政府通过影响市场需求促进安全应急企业高质量发展。该路径具体内容包括区域政府建立政府采购和储备制度、通过宣传教育激发社会的储备需求等方式增加市场需求，为企业建构稳定的市场需求体系。

二　安全应急产业发展路径选择依据

不同发展路径的实施基础不同，区域政府必须根据区域经济社会发展状况来选择符合实际的路径。概括来说，安全应急产业发展路径的选择依据有以下几点：

一是产业基础情况。区域安全应急产业发展基本情况决定产业发展需求不同，一般来说安全应急产业发展成熟程度越低越需要投入要素迅速推动产业规模的扩大，而上下游产业链的发展程度越低越需要政府采用各类政策和环境因素来引进培育企业，从而构建较为完整的产业链条，促进安全应急产业高质量发展。

二是产业创新情况。创新是产业发展的内生动力，产业高质量发展要求产业链、创新链的结构优化和创新驱动。相应的科研机构和平台情况、创新成果积累情况、教育和人才培养情况反映了区域安全应急产业的创新链能力情况。创新链和产业链互为支撑，创新链嵌入产业链，有助于提升产业链附加值，增强产业链竞争力，推动产业高质量发展。产业创新尤其受到各类要素投入的影响，如人力、资金等的投入情况。

三是区域经济发展情况。区域经济发展情况是所有产业发展的基础。经济发展程度高，产业发展可以便利地获取所需要的各种投入，政府也有充足的资源可以投入到产业发展中。另外，当居民收入较高时，安全应急意识将会更强，对于安全应急产品的需求会更大。当区域经济发展程度较低时，更需要政府通过政策创新来塑造良好环境和构建需求体系来拉动安全应急产业发展。

四是区域环境情况。当区域营商环境和资源禀赋较差时，通过政策创新来塑造良好的环境，减少企业投资的风险就变得更为重要。

基于以上发展路径选择依据，可以构建发展路径评价指标体系（见表6-1）。

表6-1　　发展路径评价指标体系

一级指标	指标解释
产业因子	安全应急产业发展成熟程度 配套产业发展情况
创新因子	相应的科研机构和平台情况 创新成果积累情况 教育和人才培养情况
经济因子	收入 经济发展状况
环境因子	营商环境总体情况 区域资源禀赋情况

第二节　安全应急产业高质量发展路径评价

由于该问题自身的复杂程度较高，专家群体需要综合考虑多个评价指标，结合实际问题对具体的路径做出选择。因此，本书以最为接近评价者心理偏好的区间直觉模糊数为评价信息载体，引入多个专家主体构建大群体多属性评价机制。

一 区间直觉模糊集

K. Atanassov 和 G. Gargov① 提出区间直觉模糊集的定义。令 X 表示给定论域，称集合 $U=\{\langle x, [\mu_U^-(x), \mu_U^+(x)], [\nu_U^-(x), \nu_U^+(x)]\rangle \mid x\in X\}$ 为 X 上的区间直觉模糊集，若集合中的元素满足 $0\leqslant \mu_U^-(x)+\nu_U^+(x)\leqslant 1$，$[\mu_U^-(x), \mu_U^+(x)]\subseteq[0, 1]$，$[\nu_U^-(x), \nu_U^+(x)]\subseteq D[0, 1]$，$0\leqslant\mu_U^-(x)$，$\mu_U^+(x)\leqslant 1$，$\nu_U^-(x)\leqslant 1$，$\nu_U^+(x)\leqslant 1$，称$[\mu_U^-(x), \mu_U^+(x)]$为 x 属于论域 X 的程度，即隶属度区间，称 $[\nu_U^-(x), \nu_U^+(x)]$ 为 x 不属于论域 X 的程度，即非隶属度区间。根据隶属度和非隶属度，进一步地可以得到 x 属于论域 X 的犹豫度区间 $[\pi_U^-(x), \pi_U^+(x)]=[1-\mu_U^+(x)-\nu_U^+(x), 1-\mu_U^-(x)-\nu_U^-(x)]$。一般在不引起混淆的情况下，称 $\alpha=\langle[\mu^-, \mu^+], [\nu^-, \nu^+]\rangle$ 为区间直觉模糊数（IVIFN）。

$\alpha=\langle[\mu^-, \mu^+], [\nu^-, \nu^+]\rangle$ 以及其所包含区间 $[\mu_A^-, \mu_A^+]$ 与 $[\nu_A^-, \nu_A^+]$ 的现实意义，可以通过一个简单的例子给予说明。比如某区域具有多个国家级实验室，科研创新平台的水平可以用“特别高”来形容，用传统的数值显然无法表达这一结果，但是可以用包含模糊思想的模糊数来描述。这里用区间直觉模糊数可以将这个水平高的程度记为 $\langle[0.90, 0.95], [0.02, 0.03]\rangle$，其中 $[0.90, 0.95]$ 表示该区域科研创新水平“高”的程度在 0.90 和 0.95 之间，非常接近高的描述值“1”；$[0.02, 0.03]$ 表示该区域科研创新水平“不高”的程度在 0.02 和 0.03 之间，表示这个不高的程度非常低。其中 0.95 和 0.03 之和还不到数值 1，根据公式 $[\pi_A^-, \pi_A^+]=[1-\mu_A^+-\nu_A^+, 1-\mu_A^--\nu_A^-]$ 可以计算决策者给出这个判断时的犹豫程度，对该区域科研创新水平评价的犹豫度区间为 $[0.02, 0.08]$。假设另一个区域没有国家级重点实验室，只有一定水平的省级重点实验室，假设用区间直觉模糊数 $\langle[0.60, 0.65], [0.25, 0.30]\rangle$，显然这个区域的科研创新水

① K. Atanassov, G. Gargov, “Interval-valued Intuitionistic Fuzzy Sets”, *Fuzzy Sets and Systems*, 1989, 31: 343-349.

平是没有前面所提区域高，而且这两个区间直觉模糊数是不同的。因此，需要一些理论方法对不同的区间直觉模糊数加以区别，以应对不同情境下发展路径优选的问题。

二　基于区间直觉模糊集发展路径比较方法分析

设 $\alpha=\langle[\mu^-, \mu^+], [\nu^-, \nu^+]\rangle$ 表示一个区间直觉模糊数，针对 α 有四个模糊数的算子，分别是：得分函数 $S(\alpha)=(\mu^-+\mu^+-\nu^--\nu^+)/2$ 和精确函数 $H(\alpha)=(\mu^-+\mu^++\nu^-+\nu^+)/2$①，以及隶属不确定指数 $T(a)=(\mu^++\nu^--\mu^--\nu^+)/2$ 和犹豫不确定指数 $G(a)=(\mu^++\nu^+-\mu^--\nu^-)/2$②。另设任意一个区间直觉模糊数 $\beta=\langle[\mu^-, \mu^+], [\nu^-, \nu^+]\rangle$，这四类算子对区间直觉模糊数 α 和 β 的比较公式如下所示：

如果 $S(\alpha)<S(\beta)$，则有 $\alpha>\beta$，表示区间直觉模糊数 α 小于 β；

如果 $S(\alpha)>S(\beta)$，则有 $\alpha>\beta$，表示区间直觉模糊数 α 大于 β；

如果 $S(\alpha)=S(\beta)$，则若 $H(\alpha)<H(\beta)$，有 $\alpha<\beta$，表示区间直觉模糊数 α 小于 β；若 $H(\alpha)>H(\beta)$，有 $\alpha>\beta$，表示区间直觉模糊数 α 大于 β；如果 $H(\alpha)=H(\beta)$：

当 $T(\alpha)>T(\beta)$ 时，有 $\alpha<\beta$，表示区间直觉模糊数 α 小于 β；

当 $T(\alpha)<T(\beta)$ 时，有 $\alpha>\beta$，表示区间直觉模糊数 α 大于 β；

当 $T(\alpha)=T(\beta)$ 时，$G(\alpha)>G(\beta)$，有 $\alpha<\beta$，表示区间直觉模糊数 α 小于 β；$G(\alpha)<G(\beta)$，有 $\alpha>\beta$，表示区间直觉模糊数 α 大于 β；$G(\alpha)=G(\beta)$，有 $\alpha\sim\beta$，则 α 与 β 等价。

由于以上算子存在失灵的情况，因此可计算基于平方和的距离公式③：

$$d(\alpha_1, \alpha_2)=\frac{1}{2}\{[S(\alpha_1)-S(\alpha_2)]^2+[H(\alpha_1)-H(\alpha_2)]^2$$

① 徐泽水：《区间直觉模糊信息的集成方法及其在决策中的应用》，《控制与决策》2007年第2期。

② Wang, Z., Kevin, W. L., Wang, W., "An Approach to Multiattribute Decision Making with Interval-valued Intuitionistic Fuzzy Assessments and Incomplete Weights", *Information Sciences*, 2009, 179 (17): 3026-3040.

③ 尤欣赏、陈通：《区间直觉模糊环境下公共文化设施建设方案选择研究》，《系统科学与数学》2017年第6期。

$$+[T(\alpha_1)-T(\alpha_2)]^2+[G(\alpha_1)-G(\alpha_2)]^2\}^{\frac{1}{2}} \qquad (6.1)$$

下述定理可以说明该公式的性质，利用该公式可以充分考虑评价者心理犹豫度。

定理 5.1 对于任意三个区间直觉模糊数 $\alpha_i=([a_i, b_i], [c_i, d_i])(i=1, 2, 3)$，有：

(1) $0\leqslant d(\alpha_1, \alpha_2)\leqslant 1$，特别地，$d(\alpha_1, \alpha_1)=0$；

(2) $d(\alpha_1, \alpha_2)=d(\alpha_2, \alpha_1)$；

(3) $d(\alpha_1, \alpha_3)\leqslant d(\alpha_1, \alpha_2)+d(\alpha_2, \alpha_3)$。

三　基于区间直觉模糊集发展路径比较机制构建

首先令集合 $A=\{A_1, A_2, \cdots, A_m\}$ 表示备选路径集，有 m 个备选路径；$C=\{C_1, C_2, \cdots, C_n\}$ 表示包含 n 个因素的评价标准集。可以从专家库任意抽调相关领域的专家，经过综合考虑之后对第 i 个备选路径，给出评价标准 C_j，结合直觉模糊数表达的评价结果为 $a_{ij}=\langle[\mu_{a_{ij}}^-(x), \mu_{a_{ij}}^+(x)], [\nu_{a_{ij}}^-(x), \nu_{a_{ij}}^+(x)]\rangle$，综合考虑所有的评价标准和备选路径可得初始决策矩阵 $A=(a_{ij})_{m\times n}$：

$$A=\begin{bmatrix} a_{11} & a_{12} & \cdots & a_{1n} \\ a_{21} & a_{22} & \cdots & a_{2n} \\ \vdots & \vdots & \ddots & \vdots \\ a_{m1} & a_{m2} & \cdots & a_{mn} \end{bmatrix} \qquad (6.2)$$

其中，$i\in m$，$j\in n$，$[\mu_{a_{ij}}^-(x), \mu_{a_{ij}}^+(x)]$ 表示满意的程度（隶属度区间），$[\nu_{a_{ij}}^-(x), \nu_{a_{ij}}^+(x)]$ 表示不满意的程度（非隶属度区间）。

假设有 m 个备选路径 $A_i(i=1, 2, \cdots, m)$，本书利用区间直觉模糊数描述决策专家根据评价标准集 $C_i(i=1, 2, \cdots, n)$ 中的 m 个评价标准，对备选路径进行评价的结果记为 $a_{ij}=\langle[\mu_A^-, \mu_A^+], [\nu_A^-, \nu_A^+], [\pi_A^-, \pi_A^+]\rangle$。如果某一个备选路径 A_i 在评价标准 C_j 下的得分函数值 $S(a_{ij})$ 和精确函数值 $H(a_{ij})$ 越高，则表明在该评价标准 C_j 下该路径越优；如果其隶属不确定指数 $T(a_{ij})$ 和犹豫不确定指数 $G(a_{ij})$ 越低，则表明在评价标准 C_j 下，对该路径的评价结果越明确，也说明该路径越优。因此，从评价结果这个角度出发，全面考虑其隶属度、非隶属度和犹豫度，综合这四个测评函数，构建模型：

$$M_1:\begin{cases}\max f_1(w)=\sum_{i=1}^{m}\sum_{j=1}^{n}w_j\dfrac{S(a_{ij})+H(a_{ij})}{S(a_{ij})+H(a_{ij})+T(a_{ij})+G(a_{ij})};\\ \text{s. t. }\sum_{j=1}^{n}w_j=1;\\ 0\leqslant w_j\leqslant 1。\end{cases}$$

对于 m 个备选路径，如果评价专家在某一个评价标准 C_j 下，给出的评价结果之间差异性小，则该评价标准区别备选路径的能力较弱，应赋予较低的权重；如果在评价标准 C_j 下，给出的评价结果之间差异性大，说明该评价标准区别备选路径的能力较强，应赋予较高的权重。因此，由式（6.1）给出计算区间直觉模糊数之间差异程度的综合距离 d（a_{ij}，a_{kj}），从评价标准的角度出发构建模型：

$$M_2:\begin{cases}\max f_2(w)=\sum_{i=1}^{m}\sum_{j=1}^{n}\sum_{1\leqslant i<k\leqslant n}w_j d(a_{ij},\ a_{kj});\\ \text{s. t. }\sum_{j=1}^{n}w_j=1;\\ 0\leqslant w_j\leqslant 1。\end{cases}$$

综合评价结果和评价标准区别度两个方面，考虑其对权重分配的影响，引入调节系数 α，构建模型：

$$M:\begin{cases}\max f(w)=\alpha f_1(w)+(1-\alpha)f_2(w);\\ \text{s. t. }\sum_{j=1}^{n}w_j=1;\\ 0\leqslant w_j\leqslant 1;\\ 0\leqslant \alpha\leqslant 1。\end{cases}$$

其中，α 表示评价专家预先给定的调节系数。下面通过构造拉格朗日辅助函数 $L(w,\ \lambda)$ 来求模型 M 的解：

$$L(w,\ \lambda)=f(w)+\lambda\left(\sum_{j=1}^{n}w_j-1\right)\tag{6.3}$$

关于 w_j 和 λ 求偏导，同时令：

$$\begin{cases}\dfrac{\partial L}{\partial w}=\sum_{i=1}^{m}\left[\alpha\dfrac{S(a_{ij})+H(a_{ij})}{S(a_{ij})+H(a_{ij})+T(a_{ij})+G(a_{ij})}\right.\\ \qquad\left.+\sum_{1\leqslant i<k\leqslant n}(1-\alpha)d(a_{ij},a_{kj})\right]+\lambda=0;\\ \dfrac{\partial L}{\partial\lambda}=\sum_{j=1}^{n}w_j-1=0。\end{cases} \tag{6.4}$$

解得：

$$w_j=\frac{\sum_{i=1}^{m}\left(\alpha\dfrac{S(a_{ij})+H(a_{ij})}{S(a_{ij})+H(a_{ij})+T(a_{ij})+G(a_{ij})}+\sum_{1\leqslant i<k\leqslant n}(1-\alpha)d(a_{ij},a_{kj})\right)}{\sum_{j=1}^{n}\sum_{i=1}^{m}\left(\alpha\dfrac{S(a_{ij})+H(a_{ij})}{S(a_{ij})+H(a_{ij})+T(a_{ij})+G(a_{ij})}+\sum_{1\leqslant i<k\leqslant n}(1-\alpha)d(a_{ij},a_{kj})\right)} \tag{6.5}$$

含有区间直觉模糊信息的 α^+ 和 α^- 为专家对备选路径 $A_i(i=1, 2, \cdots, m)$ 在评价标准 $C_i(j=1, 2, \cdots, n)$ 下给出的评价结果的正理想路径和负理想路径①：

$$\alpha^+=\langle[\max_{1\leqslant i\leqslant m}\mu_{ij}^-,\ \max_{1\leqslant i\leqslant m}\mu_{ij}^+],\ [\min_{1\leqslant i\leqslant m}\nu_{ij}^-,\ \min_{1\leqslant i\leqslant m}\nu_{ij}^+],\ [1-\max_{1\leqslant i\leqslant m}\mu_{ij}^+-\min_{1\leqslant i\leqslant m}\nu_{ij}^+,\ 1-\max_{1\leqslant i\leqslant m}\mu_{ij}^--\min_{1\leqslant i\leqslant m}\nu_{ij}^-]\rangle \tag{6.6}$$

$$\alpha^-=\langle[\min_{1\leqslant i\leqslant m}\mu_{ij}^-,\ \min_{1\leqslant i\leqslant m}\mu_{ij}^+],\ [\max_{1\leqslant i\leqslant m}\nu_{ij}^-,\ \max_{1\leqslant i\leqslant m}\nu_{ij}^+],\ [1-\min_{1\leqslant i\leqslant m}\mu_{ij}^+-\max_{1\leqslant i\leqslant m}\nu_{ij}^+,\ 1-\min_{1\leqslant i\leqslant m}\mu_{ij}^--\max_{1\leqslant i\leqslant m}\nu_{ij}^-]\rangle \tag{6.7}$$

利用式（6.1）给出的距离公式可以计算备选路径 $A_i(i=1, 2, \cdots, m)$ 和正理想路径 α^+、负理想路径 α^- 之间的综合距离 $d^+(A_i, \alpha^+)$、$d^-(A_i, \alpha^-)$，从而距离 $d_i^+(A_i, \alpha^+)$ 的值越小，表示路径 A_i 与 α^+ 的距离越近，则认为 A_i 越优；距离 $d_i^-(A_i, \alpha^-)$ 的值越大，表示路径 A_i 与 α^- 的距离越远，则认为 A_i 越优；反之则劣。进一步地，可以引入函数 M_i，综合衡量各个路径 A_i 与正理想路径 α^+、负理想路径 α^-

① 徐泽水：《区间直觉模糊信息的集成方法及其在决策中的应用》，《控制与决策》2007 年第 2 期。

之间的距离远近程度。

$$M_i=\frac{d^-(A_i,\ \alpha^-)}{d^+(A_i,\ \alpha^+)+d^-(A_i,\ \alpha^-)} \tag{6.8}$$

显然，M_i 的值越大，方案 A_i 越优；M_i 的值越小，方案 A_i 越差。

由式（6.5）得到评价标准的权重后，利用测量函数 M_i，可以计算备选路径 A_i 与 α^+ 和 α^- 之间的加权距离，进而对各个路径进行最终的选择。

综上给出如下的路径择优步骤：

步骤 1：决策者确定评价标准集和备选方案集；

步骤 2：基于区间直觉模糊数以及决策矩阵（6.2），得到每个专家给出的每个评价标准下的评价矩阵；

步骤 3：综合考虑评价结果的精确度和区别度，构造引入调节参数 α 之后的模型 M，由式（6.5）计算评价标准的权重；

步骤 4：根据步骤 3 计算的评价标准和权重，对备选路径的评价结果进行加权，并分别由式（6.6）和式（6.7）得到备选路径的正理想路径和负理想路径；

步骤 5：由式（6.1）计算备选路径和正理想路径、负理想路径之间的距离，进一步由式（6.8）计算综合距离，据此对备选路径进行排序，进而得到最优路径；

步骤 6：结束。

四　基于区间直觉模糊集发展路径比较方法的算例分析

应用前文给出的评价步骤，对某区域的一次安全应急产业发展路径做择优选择，具体步骤如下所示。

步骤 1：由表 6-1 给出的评价指标体系和图 6-1 给出的基于政府推动的安全应急产业发展路径，可以依次确定评价标准集 $\{C_j,\ j=1,\ 2,\ 3,\ 4\}$ 和备选路径集 $\{A_i,\ i=1,\ 2,\ 3\}$。

步骤 2：基于区间直觉模糊数以及决策矩阵（6.2），得到专家给出的每个评价标准下的评价矩阵如表 6-2 所示。

步骤 3：综合考虑评价结果的精确度和区别度，为了均衡考虑二者的重要性，此时计算调节参数 $\alpha=0.5$ 时的模型 M，由式（6.5）可以求得评价标准的权重向量：$W=(0.3693, 0.2072, 0.2151, 0.2083)$。

表 6-2　　基于区间直觉模糊数的评价矩阵

备选路径	评价标准			
	C_1	C_2	C_3	C_4
A_1	$\langle[0.1, 0.2], [0.3, 0.4]\rangle$	$\langle[0.5, 0.6], [0.2, 0.3]\rangle$	$\langle[0.2, 0.3], [0.5, 0.6]\rangle$	$\langle[0.4, 0.5], [0.4, 0.5]\rangle$
A_2	$\langle[0.5, 0.6], [0.1, 0.3]\rangle$	$\langle[0.3, 0.4], [0.2, 0.3]\rangle$	$\langle[0.4, 0.5], [0.4, 0.5]\rangle$	$\langle[0.4, 0.5], [0.3, 0.4]\rangle$
A_3	$\langle[0.7, 0.8], [0.1, 0.2]\rangle$	$\langle[0.2, 0.3], [0.2, 0.3]\rangle$	$\langle[0.8, 0.9], [0, 0.1]\rangle$	$\langle[0.4, 0.6], [0.1, 0.2]\rangle$

步骤 4：根据步骤 3 计算的评价标准和权重，对备选路径的评价结果进行加权，并分别由式（6.6）和式（6.7）得到备选路径的正理想路径和负理想路径，分别为：

$A^+=(\langle[0.7, 0.8], [0.1, 0.2]\rangle, \langle[0.5, 0.6], [0.2, 0.3]\rangle, \langle[0.8, 0.9], [0, 0.1]\rangle, \langle[0.4, 0.6], [0.1, 0.2]\rangle)$；

$A^-=(\langle[0.1, 0.2], [0.3, 0.4]\rangle, \langle[0.2, 0.3], [0.2, 0.3]\rangle, \langle[0.2, 0.3], [0.5, 0.6]\rangle, \langle[0.4, 0.5], [0.4, 0.5]\rangle)$。

步骤 5：根据式（6.1）计算备选路径和正理想路径、负理想路径之间的距离：

$d^+(A_1, \alpha^+)=0.1056$，$d^+(A_2, \alpha^+)=0.0705$，$d^+(A_3, \alpha^+)=0.0789$；

$d^-(A_1, \alpha^-)=0.0246$，$d^-(A_2, \alpha^-)=0.0594$，$d^-(A_3, \alpha^-)=0.0511$。

进一步利用式（6.8）计算综合距离，分别为 $M_1=0.1892$、$M_2=0.4574$、$M_3=0.3929$。据此对备选路径进行排序：$A_2>A_3>A_1$，进而可以确定此时间段内最优路径为 A_2。

步骤 6：结束。

五　结果分析

从以上算例可以看出，基于区间直觉模糊集的方法可以针对不同提升路径进行有效评价，并遴选出符合区域实际的发展路径，但是该评价应该是动态的。随着环境的改变、产业的发展、企业的成长，发展路径的基础有可能出现改变，这时就应该再次进行发展路径的评价和选择，以期选择最适合区域实际的发展路径。

第三节　本章小结

本章运用前文分析得到的影响因素构建要素推动型、环境带动型、需求拉动型三种基于政府推动的安全应急产业发展路径，并建立包括产业因子、创新因子、经济因子、环境因子等内容的路径评价体系，并基于区间直觉模糊集进行了发展路径比较方法的算例研究。结果显示，可以针对不同提升路径进行有效评价，并遴选出符合区域实际的发展路径。

实务对策篇

河北省自然灾害多发，政府高度重视安全应急产业建设，近年来安全应急产业取得长足进步，在前两篇的背景描述和理论方法的有力支撑下，第三篇以河北省当前发展现状、不足和未来可能面临的挑战为切入点，提出了有针对性的发展对策和建议。

第七章　河北省安全应急产业发展现状

河北省是我国人口较多、经济较发达的省份，但是灾害分布范围大，灾害种类多种多样，危险源较多。河北省高度重视安全应急产业建设，取得了较大的成绩。本章通过进行对比研究国内外的安全应急产业发展经验，剖析我国的安全应急产业研究的政策，借鉴先进地区的发展经验，对河北省进行实地调研、深度访谈、典型企业数据调查等方式，对河北省安全应急产业发展的现状、问题进行了深入分析，提出了有针对性的发展对策。

第一节　国内外安全应急产业发展现状

一　国外安全应急产业发展现状

美国、英国、德国、日本等发达国家的安全应急产业经过数十年的发展，已经形成了各具特色、较为系统和成熟的安全应急科技研究和安全支撑管理体系，整体水平发展较快，无论是应急救援和处置技术、应急管理系统技术，还是应急装备制造技术、应急培训演练技术等都在世界上处于领先地位。

美国安全应急产业起步相对比较早并发展迅速，最初的安全应急产品主要是针对建筑、制造、登山探险等特定行业。后来，安全应急产业扩展到电子商务及第三产业，尤其是应急救助救援方面的产业发展非常成熟。在美国，除了有专门的安全应急产品生产企业，也有很多大型网站销售安全应急产品，所销售的产品丰富、齐全，并支持世界各国用户进行网上在线购买，对于美国整个安全应急产业链的整合起了巨大的作用。近年来，美国安全应急产业的服务领域已经从以制造业、建筑业、电子商务、交通运输、金融保险为主的第二、第三产业延伸到各个行业，成为美国的支柱性产业。

日本安全应急产品专业水平强、科技含量高、覆盖面广、应急培训业务发达。由于日本特殊的地理位置，以及人口密度大等原因，日本的地震灾害和火灾较其他灾难发生的频率要高得多，日本的安全应急产品和服务主要集中在地震、火灾的防灾减灾上，并且向与之相关的领域扩充。另外，日本政府非常重视安全应急产业的发展，通过举办各类安全应急产业展览或交流会来促进安全应急产业的发展与提升，出台了一些应急行业的法律法规来鼓励安全应急产业的发展。

德国政府通过财政拨款等措施为应急救援提供保障，开展安全应急产业博览会来积极推动安全应急产业化。例如，国际消防产业最具代表、最重要的汉诺威国际消防设备博览会，每隔五年举办一次。该博览会有效地连接了制造商、经销商和采购商，通过展出消防车辆和设备、消防器材、消防设备材料、安防器材等极大地促进了应急消防事业的发展。

英国有很多家公司生产应急装备，并且品种齐全，尤其是救灾阶段的搜救产品和火灾救护等产品非常多，比如，医药急救箱、切割工具、急救车辆等。另外，英国网上安全应急产品交易也非常发达，有很多大型网站提供不同救援阶段和场合所需要的产品，例如，防火防毒面罩、应急灯、防坠落保护产品、望远镜、急救箱等。英国安全应急产业主要以产业联盟促进安全应急产业的发展。为了促进安全应急产业的发展，英国成立了很多安全应急产业联盟，如英国安全产业联盟主要针对的是职业安全事故预防和个体防护。

综观美国、日本、欧洲等发达国家和地区的安全应急产业的现状，主要呈现出以下几个特点：①产业发展呈现产业化、规模化、专业化、标准化、集成化趋势。②市场较为成熟，安全应急产品已经形成了一条完整的服务链。③产品专业化程度很高，科技含量高，欧洲很多国家的安全应急产品都能够运用高科技来提高产品的性能。④政府扶持力度比较大，有力地推动了安全应急产业的发展。欧洲各国的政府出台各种法律法规来保障安全应急产业的高效发展。⑤产业与其他产业的交叉性强，推动了其他行业的发展，安全应急产业是综合性的产业，重在应急，基本涵盖了消防产业、安防产业、信息安全产业及公共安全等产业。⑥产业贴合该国家、地区的应急救援需求。

二　国内安全应急产业发展现状

（一）我国安全应急产业发展政策体系

近年来，国家出台多项政策支持安全应急产业发展。2014 年 12 月，国务院办公厅发布《关于加快安全应急产业发展的意见》，针对安全应急产业发展的目标进行了总体规划。2017 年 1 月，国务院办公厅印发的《国家突发事件应急体系建设“十三五”规划》指出，大力推进安全应急产业健康发展，制定安全应急产业发展培育计划。2017 年 7 月，工业和信息化部印发《安全应急产业培育与发展行动计划（2017—2019 年）》，明确了 2017—2019 年我国安全应急产业培育和发展重点任务，推动安全应急产业持续快速健康发展。2018 年 3 月 17 日，第十三届全国人民代表大会第一次会议通过《第十三届全国人民代表大会第一次会议关于国务院机构改革方案的决定》，成立了应急管理部，之后应急管理部出台一系列应急管理相关政策，为我国应急产业发展提供稳定有序的发展环境。2020 年 6 月，工业和信息化部正式发布了《关于进一步加强工业行业安全生产管理的指导意见》（工信部安全〔2020〕83 号），首次提出要推动安全应急产业加快发展，明确指出要加强安全应急关键技术研发、提升安全应急产品供给能力、加快先进安全应急装备推广应用。2020 年 12 月，工业和信息化部、国家发展和改革委员会、科学技术部三部门联合印发了《安全应急装备应用试点示范工程管理办法（试行）》（工信厅联安全〔2020〕59 号）。2021 年 1 月，工业和信息化部、国家发展和改革委员会、科学技术部、应急管理部四部委办公厅发布了《关于组织开展 2021 年安全应急装备应用试点示范工程申报的通知》（工信厅联安全函〔2021〕11 号），围绕矿山安全、危化品安全、自然灾害防治、安全应急教育服务四方面需求，从安全生产监测预警系统、机械化与自动化协同作业装备、事故现场处置装备等 16 个重点方向，遴选一批技术先进、应用成效显著的试点示范项目。鼓励地方政府通过专项资金等政策支持示范工程建设。2021 年 4 月，工业和信息化部、国家发展和改革委员会、科学技术部三部门联合发布了《国家安全应急产业示范基地管理办法（试行）》（工信部联安全〔2021〕48 号），规定在产学研合作、技术推广、标准制定、项目支持、资金引导、交流合作、示范应用、应急物资收储等方面对示范基地（含创建）内单位给予重点指导和支持。其他安全应急产业政策汇总如表 7-1 所示。

表 7-1　　其他安全应急产业政策汇总

发布时间	政策名称	重点内容解读	政策性质
2016 年 3 月	《国家自然灾害救助应急预案》（修订）	建立健全应对突发重大自然灾害紧急救助体系和运行机制，规范紧急救助行为，提高紧急救助能力，迅速、有序、高效地实施紧急救助，最大限度地减少人民群众的生命和财产损失，维护灾区社会稳定	支持性
2018 年 10 月	《组建国家综合性消防救援队伍框架方案》	推进公安消防部队和武警森林部队转制，组建国家综合性消防救援队伍，建设中国特色应急救援主力军和国家队作出部署	支持性
2019 年 2 月	《生产安全事故应急条例》	适用于生产安全事故应急工作，规定生产经营单位应当加强生产安全事故应急工作，建立、健全生产安全事故应急工作责任制，其主要负责人对本单位的生产安全事故应急工作全面负责	支持性
2019 年 4 月	《产业结构调整指导目录》	带动全社会加大对应急产业投入力度，落实和完善适用于应急产业的税收政策。建立健全应急救援补偿制度，对征用单位和个人的应急物资、装备等及时予以补偿	规范类
2019 年 7 月	《应急管理标准化工作管理办法》	明确规定应急管理标准化工作任务是贯彻落实国家有关标准化法律法规，制定并实施应急管理标准化工作规划，建立应急管理标准体系，制修订并组织实施应急管理标准，对应急管理标准制修订和实施进行监督	规范类
2020 年 2 月	《关于全面加强危险化学品安全生产工作的意见》	为深刻吸取一些地区发生的重特大事故教训，举一反三，全面加强危险化学品安全生产工作，有力防范化解系统性安全风险，坚决遏制重特大事故发生，有效地维护人民群众生命财产安全，按照高质量发展要求，以防控系统性安全风险为重点，完善和落实安全生产责任和管理制度，建立安全隐患排查和安全预防控制体系	规范类

续表

发布时间	政策名称	重点内容解读	政策性质
2020年2月	《关于加强全国灾害信息员队伍建设的指导意见》	加强了全国灾害信息员队伍建设，完善保障措施，对进一步夯实灾害信息员队伍基础、完善灾情报告体系、提升各级灾情管理工作能力和水平具有重要意义	支持类
2021年2月	《危险化学品企业重大危险源安全包保责任制办法（试行）》	对于取得应急管理部门安全许可的危险化学品企业每一处重大危险源，企业都要明确重大危险源的主要负责人、技术负责人、操作负责人，从总体管理、技术管理、操作管理三个层面实行安全包保，保障重大危险源安全平稳运行	规范类
2021年4月	《关于加强安全生产执法工作的意见》	紧紧围绕精准、严格、规范三个执法要素，要求通过强化执法狠抓风险防控和事故预防，从坚持精准执法、坚持严格执法、规范执法行为、推进执法信息化建设、加强执法力量建设5个方面提出了17项工作措施	规范类

（二）我国安全应急产业发展区域分布

我国的安全应急产业呈现出集聚效应。从地域分布来看，安全应急产业主要集中在京津冀、珠三角、长三角等经济发达的地区，呈现出以环首都经济圈、珠三角、长三角等为中心，由沿海到内陆、从东向西、由强到弱、扇形分布的规律，我国安全应急产业集聚发展的态势也进一步显现出来。不同地域的安全应急产业发展以安全应急产业基地为依托。工业和信息化部、科学技术部和发展和改革委员会于2015年联合公布了7家首批国家应急产业示范基地，其中包括中关村科技园区丰台园、合肥高新技术产业开发区、烟台经济技术开发区、贵阳国家经济技术开发区、河北怀安工业园区、随州市应急产业基地、中海信创新产业城。该三个部门于2017年联合公布了5家第二批国家应急产业示范基地，其中包括四川省德阳市经济开发区应急产业基地、长沙高新技术产业开发区、辽宁省抚顺经济开发区、新疆生产建设兵团乌鲁木齐工业园区和福建龙州工业园区。该三个部门于2019年联合公布了8家第三批国家应急产业示范基地，其中包括内蒙古包头装备制造产业园、河北省唐山开平应急装备产业园、江苏省溧阳经济开发区、江苏省徐州高新技术产业开发区、浙江省江山经济开发区、中国（浙江舟山）自由贸易试验区、湖北省赤壁高新技术产业园区、陕西省延安高新技术产业开发区。其汇总情况如表 7-2 所示。

表 7-2　　国家安全应急产业示范基地的分批次汇总

批次	基地数量（家）	基地名称
第一批次	7	中关村科技园区丰台园、合肥高新技术产业开发区、烟台经济技术开发区、贵阳国家经济技术开发区、河北怀安工业园区、随州市应急产业基地、中海信创新产业城
第二批次	5	四川省德阳市经济开发区应急产业基地、长沙高新技术产业开发区、辽宁省抚顺经济开发区、新疆生产建设兵团乌鲁木齐工业园区和福建龙州工业园区
第三批次	8	内蒙古包头装备制造产业园、河北省唐山开平应急装备产业园、江苏省溧阳经济开发区、江苏省徐州高新技术产业开发区、浙江省江山经济开发区、中国（浙江舟山）自由贸易试验区、湖北省赤壁高新技术产业园区、陕西省延安高新技术产业开发区

我国的安全应急产业在东部地区、中部地区和西部地区都有分布，其发展现状及特点各有不同。

（1）东部地区：我国东部地区的产业基础雄厚、经济发展迅速，具有发展相关安全应急产业的优越条件，且该地区的安全应急产业在我国处于领先水平，其总销售收入占全国的一半以上，同时也是我国沿海经济带健康、安全且高质量发展的坚实保障。该地区作为我国安全应急产业发展的经济核心，同时也是与世界各国进行沟通的重要窗口，包括 18 家国家安全应急产业示范园区和示范基地，占全国的 60%，如图 7-1 所示。其中环渤海、珠三角、长三角区域是我国安全应急产业最为密集的地带。

（2）中部地区：我国中部地区包括山西、江西、河南、湖北、湖南和安徽六大省份，该地区的安全应急产业已经具备一定基础，且已经形成了中部安全应急产业连接轴，其由安徽、江西、湖北和湖南四个省份组成。这些省份具有较好的安全应急产业基础，且地方政府对

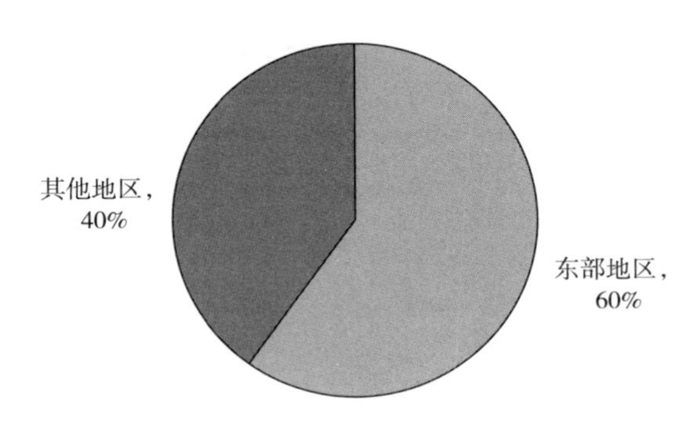

图 7-1　国家安全安全产业示范园区及示范基地的地区分布比例

该产业的持续发展提供较大的支持力度。目前，我国中部地区已经有国家安全安全产业示范园区和示范基地共 5 家。

（3）西部地区：我国西部地区包括重庆市、四川省、贵州省、云南省、西藏自治区、陕西省、甘肃省、青海省、宁夏回族自治区、新疆维吾尔自治区、内蒙古自治区和广西壮族自治区 12 个省市及自治区。目前，我国西部地区已经有国家安全应急产业示范园区和示范基地共 7 家。

我国东部地区、中部地区和西部地区的国家安全应急产业示范园区和示范基地数量如图 7-2 所示。

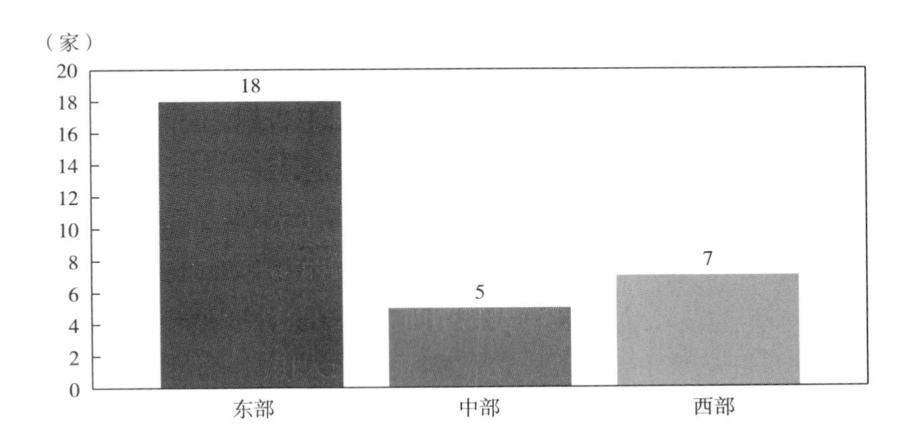

图 7-2　国家安全产业示范园区及示范基地的地区分布数量

（三）先进地区推动安全应急产业发展的经验借鉴——以江苏省为例

（1）依托高校和重点实验室优势资源，推动产学研合作，实现创新驱动安全应急产业高质量发展。一是积极创建安全科技研发创新平台。南京科技大学和南京安元科技公司两家被批准为应急管理部安全生产重点实验室和科技支撑平台（全国仅 12 家）。全省安全应急产业领域已有超过 120 家企业获批省级以上企业技术中心。二是深入推动产学研合作，促进创新链与产业链高效紧密衔接。积极支持高校、研发机构与园区、企业开展合作，累计投入 1.2 亿元财政专项资金，共建 7 个安全科技类协同创新中心，不断强化创新成果在智能安防、危险品检测等领域的转化推广。三是组织开展关键技术攻关和应用示范。围绕重大灾害监测预测预警、应急救援、危险性和灾害评估等关键技术需求，集成各类科技资源，进行关键技术创新和集成应用示范。

（2）以现代信息科技推动产业数字化和智能化升级，实现安全应急产业与信息技术融合发展。一是依托江苏省电子信息产业的基础，积极培育网进科技、中科物联、恒宝股份、星宇科技等一批优秀信息技术和物联网企业，目前仅物联网产业商会就有 300 多家物联网企业，形成了安全应急产业数字化、智能化发展的有力支撑。二是信息技术企业与安全应急特定场景紧密结合，主动开发新产品、新应用，如网进科技研发的智能交通系统、矿山应急救援系统，三棱物联研发的无人机自动续航设备、危废物临时收储设备等，从监测预警、指挥救援系统，到救援装备和安全设施设备的智能化和数字化等领域，安全应急产业与现代信息科技深度融合。三是着力打造智能化安全应急产业园区，激发示范带动作用。泰州姜堰投资 10 亿元专项扶持资金，已建成 12 万平方米高标准现代化厂房、8 万平方米公共配套设施，着力打造新技术、新产品、新业态、新商业模式的省级智能安全应急产业园。

（3）以基地建设为核心，示范引领全省安全应急产业集聚发展。一是持续支持徐州做大做强安全应急产业集群。全省积极推荐相关企业到徐州合作发展，引导省内研发机构、高等院校、先进企业的技术成果与徐州高新区研发成果进行集成创新，并在全省推广应用。二是支持徐州在产业发展创新政策上先行先试。与徐州共同研究建立企业增加安全投入的激励约束机制，落实企业安全生产费用提取管理制度，做好试点安全责任险的推广等。三是指导地方共同举办展会，积极组织重点企业参展大型博览会，提升江苏安全应急产业基地在全国的影响力。四是认真梳理总结徐州安全应急产业示范基地的实践成果，复制徐州模式，在全省示范推广，选排培育国家级安全应急产业示范基地。

（4）通过安全应急产业、文化、教育、培训一体化建设，推进全省安全应急产业全面发展。在重点抓产业基地建设的基础上，全面推进应急文化、学科建设和人才培养、应急培训，全省上下形成了良好的安全应急文化氛围。在应急文化建设方面，一是抓宣讲，提升全民安全意识。全省 13000 多名干部开展“百团进百万企业影响千万人”学习宣讲活动，该活动历时 8 个月，累计宣讲 4 万多场次。二是注重融合求实效，做强做优应急载体平台。与江苏卫视、江苏公共新闻频道、江苏应急广播等主流媒体合作，滚动播放公益宣传片。充分发挥微信、微博、抖音公众号等新媒体作用，精准传播安全应急科普知识。建成及在建安全应急科普基地、体验场馆近 50 家，面向企业和公众开放。三是统筹协调，构建部门联动、全社会广泛参与的大应急文化建设工作机制。在学科建设和人才培养方面，一是注重加强安全科学与工程学科建设，率先实施江苏高校品牌专业建设工程，支持中国矿业大学、南京工业大学、常州大学的安全工程等专业入选国家级一流本科专业，每年输送安全专业人才超千人。二是重点支持青年科技人才开展创新研究，不断加快安全应急领域领军人才、技术领军人才、青年拔尖人才培养和创新人才培养基地建设。自 2018 年以来，共立项支持 26 个基础研究计划，由青年人才承担的项目占 73%。在应急培训方面，印发《全省安全生产管理干部培训暨 2021 年培训实施方案》，依托中国矿业大学、南京工业大学、常熟理工学院、盐城工学院四所高校开展培训，采取“1+6+1”培训体系，计划用 3 年时间，对全省约 1.5 万名干部分层分类、精准培训。

（5）高效的工作推进机制和良好的营商环境，保障安全应急产业健康发展。一是建立省工业和信息化部门牵头，发展改革、应急管理、公安、科学技术等多部门分工协作的安全产业发展工作推进机制。每个季度召开一次部门联席会议，听取部门工作推进情况汇报，提出其他部门配合诉求，部署安排下一阶段重点工作。二是打造良好的营商环境，在政策上，部门法规、政策文件都明确了向安全应急产业倾斜。在园区和示范基地方面，政府支持在产业发展创新政策上先行先试。引导和鼓励企业提高安全投入，对企业安全标准级别提高的有奖励，在企业采购的提升安全的设施、设备方面，政府给予采购金额 10%的资金补贴，最高补贴 1500 万元。在服务上，政府将企业作为服务对象而不是约束和管理对象，在企业面临安全生产规范标准、环保达标等难题时，政府聘请外部专家为企业解决难题，直到规范达标为止。

第二节　河北省安全应急产业发展情况分析

一　河北省安全应急产业发展现状

（一）总体特征

通过对河北省安全应急产业管理部门、企业进行调研，可以发现，河北省安全应急产业的发展取得了较大的成绩，主要表现在以下几个方面：

（1）产业规模不断扩大，产业品类日益丰富，安全应急产业链条初步形成。2020 年河北省安全应急产业相关的规模以上企业达 1100 家，安全应急产业营业收入达 2600 亿元。产品共计 3000 余种，涵盖了国家 13 类标志性安全应急产品和服务。在安全应急保障装备和物资生产、储备、供应、配置等方面，从预警、防护、处置到服务各领域，从政府、企业到科研机构，初步形成了安全应急产业链条。

（2）在细分行业涌现出一批优势特色企业。在应急通信、应急装备、防护用品等细分行业涌现出像中国电科第54研究所、开诚重工、润泰救援、先河环保等一批优秀骨干企业，其中远东通信、傲森尔装具入选首批30家国家安全应急产业重点联系企业名单。

（3）产业集聚效果明显，“2620”产业发展格局初步形成。《河北省应急产业发展规划（2020—2025）》重点发展2个国家级安全应急产业示范基地、6个省级安全应急产业示范基地和20个省级安全应急产业特色集群，其中20个特色集群营业收入超1300亿元，超过河北省安全应急产业营业收入的50%，产业集聚效应初显，《河北省应急产业发展规划（2020—2025）》提出的“2620”安全应急产业格局步入发展快车道。

（4）产业创新能力进一步提升。一是持续推进创新平台建设，如推进唐山市应急智能装备研发中心、邢台特种车辆应急装备产业技术研究院等研发平台、重点实验室、技术创新中心、企业技术中心和制造业创新中心的建设，为产业发展提供有力支撑。二是深入推动产学研合作，充分发挥河北省高校的学科优势，挖掘和利用驻冀央企的科技创新资源，积极推动科技成果转化。三是组织开展关键技术攻关和应用示范。围绕重大灾害监测预测预警、应急救援、危险性和灾害评估等关键技术需求，集成各类科技资源，进行关键技术创新和集成应用示范。

（5）应急防护能力显著增强。为应对疫情防控需求，2021年，河北省防疫物资重点生产企业已达839家，产品涵盖负压救护车、防护和消杀用品、检测设备、呼吸机等20多个类别，建立了较为完备的防护用品产业链，应急防护能力显著增强。

（二）产业细分情况

河北省已经基本形成了从原材料供应、安全应急产业四大类产品的研发和生产制造到不同应用场景中安全应急体系的发展等一系列产业链。《河北省应急产业发展规划（2020—2025）》将新型应急通信指挥装备、高精度应急预测预警装备、高可靠风险防控与安全防护产品、专用紧急医学救援装备和产品、特种交通应急保障技术装备、重大消防矿山等抢险救援技术装备、智能无人应急救援技术装备、突发事故处置专用装备、新型应急服务产品九大领域作为河北省应急产业的发展重点，河北省应急产品3000余种，在九大重点领域均有覆盖。

1. 新型应急通信指挥装备

河北省新型应急通信指挥装备主要集中在通信系统设备制造、通信终端设备制造行业，行业规模为36亿元，规模以上企业20家。本领域企业开发了集融合、协同、可视等功能于一体的应急指挥通信技术装备，拥有北斗综合位置云服务平台、北斗海洋信息化系统、应急平台综合应用系统等研发平台，建立了面向综合应急救援的应急通信与指挥调度平台。

2. 高精度应急预测预警装备

高精度应急预测预警装备企业主要集中在监测预警领域，包括环境监测专用仪器仪表制造、地质勘探和地震专用仪器制造行业，行业规模为32亿元，规模以上企业45家。本领域企业开发了一批高精度预测预警装备产品，包括预警预测和灾害预测装备、地震台站观测、矿山监测及实害预报、危险化学品全程动态监控、特种设备安全监控管理、环境污染应急监控预警、关键介质放射性监控、车辆放射性物质监控等公共安全监测预警装备。

3. 高可靠风险防控与安全防护产品

高可靠风险防控与安全防护产品企业覆盖家庭防护、公共卫生防护、生态环境防护、社会公共安全防护等领域，行业规模为201亿元，规模以上企业216家。本领域企业开发了先进、适用、安全、高可靠的应急防护新产品，在耐火、阻燃、耐高温电线电统技术研发和产业发展方面形成优势；生产防护服、医用口罩、防毒面具等防护产品及其关键原辅材料，数字化消防单兵装备，燃爆防控技术装备，高效智能消防员呼吸装备，矿山井下紧急避险装备，以及汽车安全系统、安全报警系统、烟雾逃生舱等装备和产品。

4. 专用紧急医学救援装备和产品

专用紧急医学救援装备和产品生产企业主要集中在处置救援领域，分布在卫生材料及医药用品制造、卫生材料及医药用品制造等行业，行业规模为383亿元，规模以上企业152家，主要生产药用辅助及包装材料、医疗器械等产品。

5. 特种交通应急保障技术装备

特种交通应急保障技术装备生产企业主要集中在处置救援领域，分布在铁路专用设备及器材、配件制造、船舶制造、海洋工程装备制造等行业，行业规模为150亿元，规模以上企业61家，主要生产铁路信号器材、铁路道岔及配件、钢轨伸缩调节器、铁路声屏障等产品。

6. 重大消防矿山等抢险救援技术装备

重大消防矿山等抢险救援技术装备生产企业主要集中在处置救援领域，分布在社会公共安全设备及器材制造、安全、消防用金属制品制造等行业，行业规模为51亿元，规模以上企业42家。企业加强对抢险救援装备重点难点的科研攻关，研发了一批高效、精良的技术装备。重点发展特种消防成套处置装备、应急排涝关键技术及装备、多功能化学侦检消防装备、大型工程救援装备、智能火灾探测及灭火系统水域水下救援装备、电力应急保障装备、便携机动救援装备等。

7. 智能无人应急救援技术装备

智能无人应急救援技术装备总体上企业规模小，规模以上重点企业数量少，拥有人工智能、物联网、5G（第五代移动通信技术）等智能创新技术。

8. 突发事故处置专用装备

突发事故处置专用装备领域，行业规模为71亿元，规模以上相关企业119家。

9. 新型应急服务产品

新型应急服务产品领域，行业规模为17亿元，规模以上相关企业38家。

（三）区域集聚情况

河北省各地安全应急产业主导方向具有明显特色。从产业规模看，石家庄市安全应急产业规模为650亿元，着力发展应急监测指挥和应急通信平台综合应用系统及应急医药产业。唐山市、保定市、秦皇岛市、邯郸市安全应急产业规模在全省位居前列，安全应急产业规模均超200亿元。唐山市突出打造以智能救援、监测预警、工程抢险、应急防护和工程消能减震等特色应急装备产业基地；保定市着力新能源应急和医用防护产业创新示范基地建设，重点发展新能源与智能电网、医用防护和健康产业等；秦皇岛市着力智能消防与医疗救助基地建设，重点发展医疗器械、消防安全、工程抢险救援装备等应急产品；邯郸市着力安防应急产业基地建设，重点发展核电站安全风险防控装备、信息安全装备、应急能源装备、危险气体防灾减灾装备、防护产品及其关键原辅料等产业。其他地市安全应急产业规模均达到100亿元以上。邢台市着力应急装备产业基地建设，重点发展特种消防车辆、高端智能特种装备、多种气体探测机器人等产业；廊坊市着力防灾减灾服务应急产业基地建设，重点发展智能机器人、呼吸机、医疗服务、应急教育培训等；张家口市依托怀安首批国家应急产业示范基地，致力打造集应急装备制造、应急产业科技成果展示与技术交易服务和应急文化传播于一体的新型应急产业体系。

河北省依托石家庄、张家口、秦皇岛、唐山、廊坊、保定、邢台、邯郸等市高新技术开发区和经济技术园区特色集群资源优势，建立了引领全省安全应急产业集聚发展的产业基地体系。目前，河北省拥有国家安全应急产业示范基地2家，为张家口怀安工业园区、唐山开平应急装备产业园；国家安全应急产业示范基地创建单位2家，为河北鹿泉经济开发区、保定国家高新技术产业开发区；省级安全应急产业示范基地3家，为河北石家庄装备制造产业园、保定国家高新技术产业开发区、燕郊高新技术产业开发区；省级安全应急产业示范基地创建单位4家，为河北新乐经济开发区、河北徐水经济开发区、邢台经济开发区、河北邯郸复兴经济开发区；省级安全应急产业特色集群6家，为唐山高新技术产业开发区智慧应急装备产业集群、唐山开平高新技术产业开发区应急装备制造产业集群、河北唐山滦南县（安全防护应急产品）特色产业集群、秦皇岛经济技术开发区应急装备制造产业集群、廊坊市文安应急保障房产业集群、邢台经济开发区安全经济产业集群。具体情况见表7-3和表7-4。

表 7-3　　河北省安全应急产业基地情况

类别	名称	特点
国家安全应急产业示范基地	唐山开平应急装备产业园	重点发展起重、挖掘、钻凿等特种救援机械和矿山安全监控设备
	张家口怀安工业园区	重点发展车辆专用安全生产装备、矿山专用安全生产装备、冶金专用安全生产装备、建筑施工专用安全生产装备
国家安全应急产业示范基地创建单位	保定国家高新技术产业开发区	重点发展新能源和智能电网、移动供电设备、移动式应急照明系统等应急能源装备，铁路、隧道等监测预警装备
	河北鹿泉经济开发区	重点发展应急通信与指挥装备、北斗导航与位置服务装备、芯片与集成电路等零部件及重点延伸应用和服务等
河北省安全应急产业示范基地	河北石家庄装备制造产业园	重点发展重大消防矿山等抢险救援、特种交通应急保障、智能无人应急救援技术装备、公共卫生事件专用药品等
	燕郊高新技术产业开发区	重点发展呼吸机、智能机器人、应急保障车等应急救援装备，应急教育、安全应急救援培训等应急服务
	保定国家高新技术产业开发区	重点发展新能源和智能电网、移动供电设备、移动式应急照明系统等应急能源装备，铁路、隧道等监测预警装备
河北省安全应急产业示范基地创建单位	河北新乐经济开发区	重点发展医用口罩、防护服及其关键原辅材料、医用耗材机械、采样管等卫生安全防护检测产品
	河北徐水经济开发区	重点发展交通应急保障、大型工程抢险救援装备、灾害预测探测等装备
	邢台经济开发区	重点发展智能消防车、应急排涝装备等抢险救援装备，防火玻璃、矿山防水高分子材料等安全防护产品
	河北邯郸复兴经济开发区	重点发展土壤/大气/水污染快速处理装备等突发事故处置专用装备，架桥机、运梁机等道路应急抢通装备，应急安置房屋等

表 7-4　　河北省安全应急产业特色集群

集群名称	主要内容
唐山开平高新技术产业开发区应急装备制造产业集群	发展以应急救援机器人、矿山等智能监控预警系统、灾害救援重型机械、工程结构消能减震装备等为主体的应急装备制造业
唐山高新技术产业开发区智慧应急装备产业集群	主导产品涵盖消防机器人、洪涝灾害监测预警系统、负压救护车，血液行业信息化管理与服务平台系统、建筑高阻尼橡胶支座等减隔震产品等

续表

集群名称	主要内容
河北唐山滦南县（安全防护应急产品）特色产业集群	主导产业为医用口罩、手套、帐篷、应急电源、应急照明等产业
秦皇岛经济技术开发区应急装备制造产业集群	涵盖汽车零部件制造业、交通运输设备制造业和核岛设备、铁路、公路桥梁架运提设备、隧道掘进等重型装备制造
廊坊市文安应急保障房产业集群	主要用于野外建筑工地和疫情防控应急建设
邢台经济开发区安全经济产业集群	重点发展特种消防车辆、高端智能特种装备、多种气体探测机器人等产业

（四）发展环境情况

1. 政策支持体系

自出台《河北省应急产业发展规划（2020—2025）》之后，河北省围绕落实落细该规划，力争到2025年，全省应急产业营业收入年均增长20%以上，规模为6000亿元以上，其中应急装备产业占60%以上。不断推动产业集聚，提高创新能力，推进产业融合，提升应急产业整体水平和核心竞争力，增强应急突发事件的产业支撑能力。河北省应急产业发展协调工作小组办公室制定的《河北省应急产业2021年工作要点》提出目标，2021年全省应急产业规模为3000亿元左右。推进2个国家安全应急示范基地提质扩量，培育认定6个省级安全应急产业示范基地和8—10家安全应急物资生产能力储备基地（集群、企业），认定重点龙头企业30强。制定《河北省应急物资生产能力储备基地管理办法(试行）》和《河北省安全应急产业示范基地管理办法(试行）》，指导各地科学有序开展省级安全应急产业示范基地建设。其他相关政策见表7-5。

表7-5　河北省安全应急产业支持政策体系

标题	发文机关	年份
《河北省应急管理系统进一步优化营商环境20条措施》	河北省应急管理厅	2023
《河北省安全生产应急管理规定》	河北省人民政府	2023

续表

标题	发文机关	年份
《河北省应急管理厅关于做好 2022 年度省级安全文化示范企业申报与复审工作的通知》	河北省应急管理厅	2022
《河北省安全生产行政处罚自由裁量标准》	河北省应急管理厅	2022
《河北省“十四五”应急管理体系规划》	河北省人民政府	2022
《河北省应急物资生产能力储备基地创建指南（试行）》	河北省工业和信息化厅、河北省发展和改革委员会、河北省科学技术厅	2021
《河北省安全应急产业示范基地创建指南（试行）》	河北省工业和信息化厅、河北省发展和改革委员会、河北省科学技术厅	2021
《河北省应急产业发展规划（2020—2025）》	河北省人民政府	2020

2. 产业创新资源情况

河北省鼓励龙头企业，与高等院校、科研院所合作，构建市场化运行、产学研深度融合的创新平台，重点推进唐山市应急智能装备研发中心、邢台特种车辆应急装备产业技术研究院等研发平台建设，对符合条件的纳入省级重点实验室、技术创新中心、企业技术中心和制造业创新中心的企业，给予优先支持。充分发挥河北工业大学、燕山大学、河北科技大学、华北理工大学等工科高校的学科优势，积极推动高校、研发机构与河北省安全应急产业基地、企业合作，加大资金投入建设产教学研一体化的安全科技协同创新中心；充分挖掘和利用中电科 54 所、13 所，中船重工 718 所等驻冀央企的科技创新资源，积极对接基地和企业，促进创新链和产业链的有效衔接，积极推动科技成果转化。2022 年，新建河北省应急通信创新中心、河北省工业应急及风险管控产业技术研究院、河北省土木工程灾变控制与灾害应急重点实验室等。

二　河北省安全应急重点企业调研分析

（一）河北省安全应急产业总体状况

河北省安全应急产业规模不断扩大，截至 2020 年底，共有安全应急重点企业 400 家（见表 7-6）。民营企业 317 家，占安全应急重点企业的79.25%；国有企业及国有控股企业26家，占安全应急重点企业的6.50%；股份制企业24家，占6.00%；其他企业33家，占安全应急重点企业的8.25%（见图7-3）。

表7-6　　2020年河北省安全应急重点企业发展概况

指标	数值
河北省规模以上企业数量（家）	400
企业营业收入（亿元）	2227.88
产品销售收入（亿元）	1058.04
企业员工数（万人）	12.4

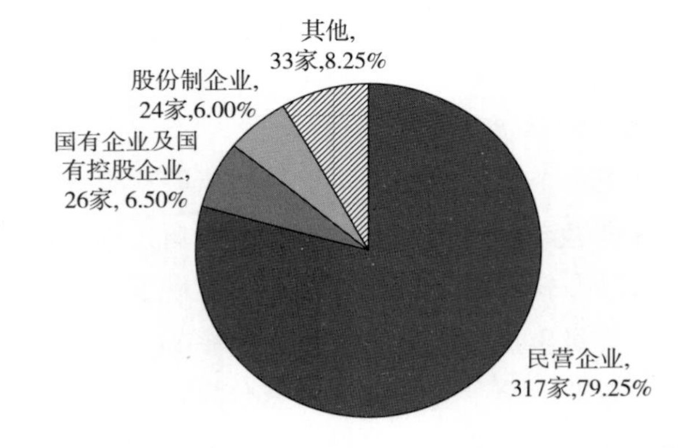

图7-3　河北省安全应急重点企业按企业性质分布情况

河北省安全应急重点企业员工数量总计12.4万人，单个企业平均员工数300多人，规模中等偏上；全年营业总收入达到2227.88亿元，较2019年增长88.89%，其中民营企业营业总收入为1717.28亿元，国有企业及国有控股企业营业总收入268.39亿元，股份制企业营业总收入72.88亿元，其他企业营业总收入169.34亿元。河北省安全应急产业规模不断扩大，产业品类日益丰富，安全应急产业链条初步形成。

（二）河北省安全应急产业重点企业分布情况

1. 安全应急产业重点企业数量分布概况

2020年河北省安全应急产业重点企业分布情况如图7-4所示。

通过对各地市机构数量分布情况进行聚类分析，将分布结果分为三个梯队。位于第一梯队的城市有石家庄市、唐山市，安全应急重点企业数量分别为113家、75家，占安全应急重点企业的47%；位于中间梯队的城市有邢台市、保定市、廊坊市、衡水市，重点安全应急企业数量分别为43家、41家（其中雄安新区23家）、32家、32家，占安全应急重点企业的37%；位于第三梯队的城市有邯郸市、秦皇岛市、张家口市、承德市和沧州市，安全应急重点企业数量分别为24家、19家、9家、8家和4家，占重点企业总数的16%。

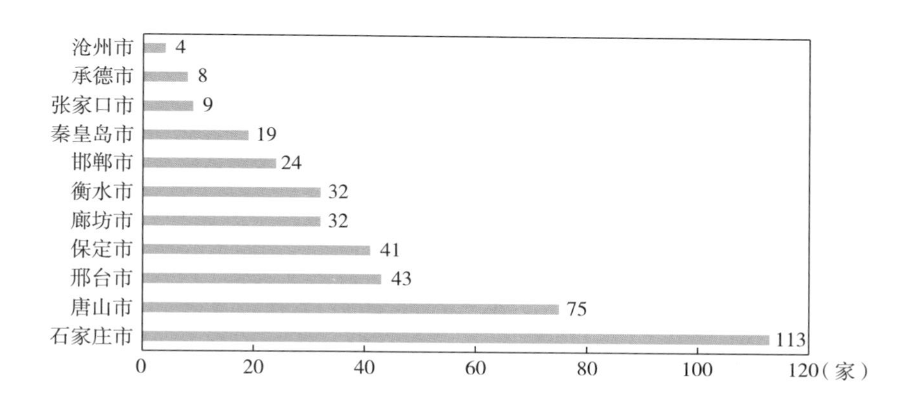

图7-4 河北省各地市安全应急重点企业分布

2. 安全应急重点企业性质类别构成分析

将安全应急重点企业按照企业性质类别分为民营企业、国有企业及国有控股企业、股份制企业和其他，2020年各地市企业占比如图7-5所示。

根据图7-5呈现的结果可以发现，安全应急重点企业中民营企业占比不低于75%的城市有唐山市、邢台市、保定市、廊坊市、衡水市、邯郸市、秦皇岛市、承德市和沧州市，其中占比最大的两个城市是保定市和沧州市，为90.24%和100%，并且雄安新区占比达到95.65%，说明保定市和沧州市安全应急产业相较其他城市更具灵活性和开放度。安全应急重点企业中股份制企业占比大于10%的城市有秦皇岛市和承德市，其中股份制企业占比最大的城市是承德市，为12.50%，说明承德市相较于其他城市能较好地满足现代化社会大生产的要求。

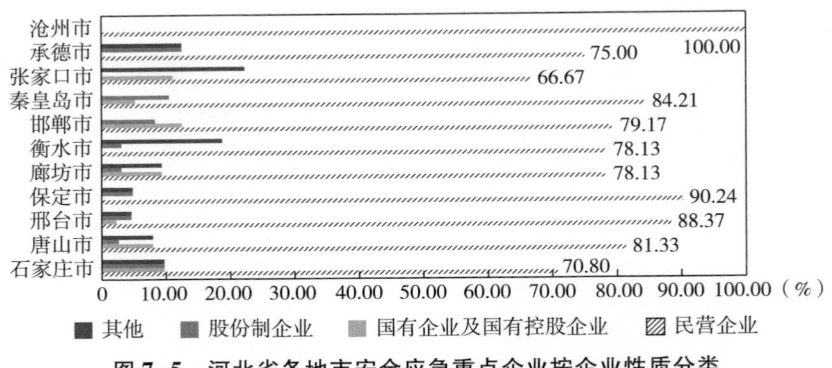

图 7-5　河北省各地市安全应急重点企业按企业性质分类

3. 安全应急重点企业按适用突发事件分类

将安全应急重点企业按照适用于突发事件类别分为公共卫生事件、自然灾害事件、事故灾难事件、社会安全事件和其他五类，2020年的分布情况如图 7-6 和图 7-7 所示。

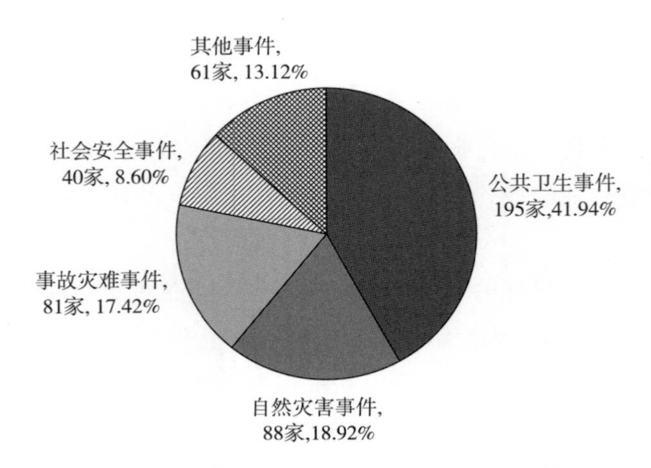

图 7-6　河北省安全应急重点企业按适用突发事件分类

注：部分企业涵盖 2—3 个类型，所以合计会出现多于 400 家情况，下同。

根据图 7-6，2020 年河北省安全应急重点企业中有 195 家企业适用于公共卫生事件，占 41.94%，说明河北省安全应急重点企业大多能够应对突发的公共卫生事件。河北省安全应急重点企业中适用于自然灾害事件和事故灾难事件分别有 88 家和 81 家，占 18.92% 和 17.42%。河北省安全应急重点企业中适用于社会安全事件和其他事件的企业相对较少，分别有 40 家和 61 家，占 8.60% 和 13.12%。

根据图 7-7，安全应急重点企业中适用于公共卫生事件的企业数量占比大于 50% 的城市有沧州市、承德市、保定市和石家庄市，说明这四个城市的产品线布局比较全面完善。

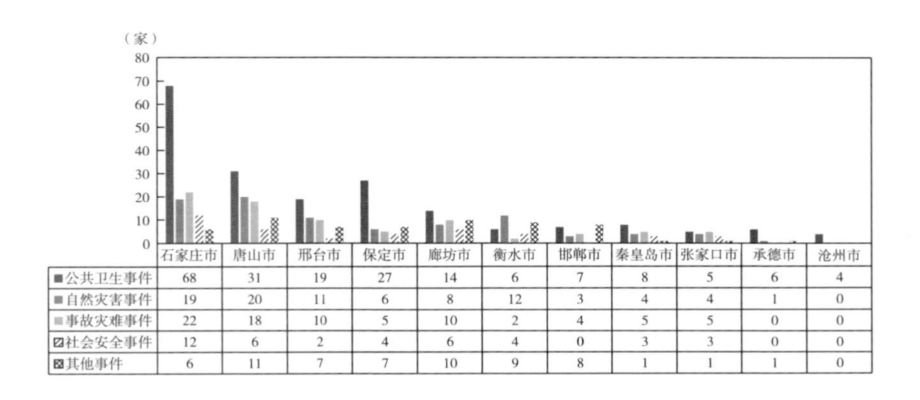

	石家庄市	唐山市	邢台市	保定市	廊坊市	衡水市	邯郸市	秦皇岛市	张家口市	承德市	沧州市
公共卫生事件	68	31	19	27	14	6	7	8	5	6	4
自然灾害事件	19	20	11	6	8	12	3	4	4	1	0
事故灾难事件	22	18	10	5	10	2	4	5	5	0	0
社会安全事件	12	6	2	4	6	4	0	3	3	0	0
其他事件	6	11	7	7	10	9	8	1	1	1	0

图 7-7　河北省各地市安全应急重点企业按适用突发事件分类

4. 安全应急重点企业产业结构特点

河北省安全应急产业分为 4 个大类，分别是监测预警、预防防护、处置救援、应急服务，27 个中类，178 个小类。通过对 2020 年 400 家规模以上企业市场应用规模分析，发现河北省 4 个领域产业发展存在不均衡现象：处置救援类和预防防护类产品企业多，市场规模大，而监测预警类与应急服务类企业发展相对滞后，如图 7-8 和图 7-9 所示。

从 2020 年安全应急产业重点企业的销售收入来看，预防防护产品销售收入为 565.78 亿元（53.22%），处置救援产品销售收入为 436.99 亿元（41.11%），监测预警产品销售收入为 33.43 亿元（3.14%），

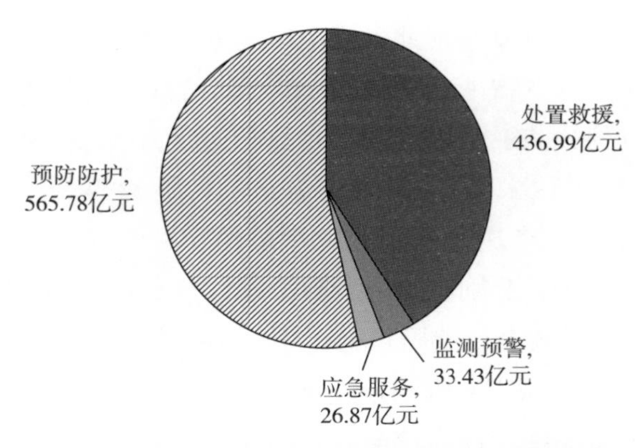

图 7-8　河北省安全应急重点企业四大领域销售收入

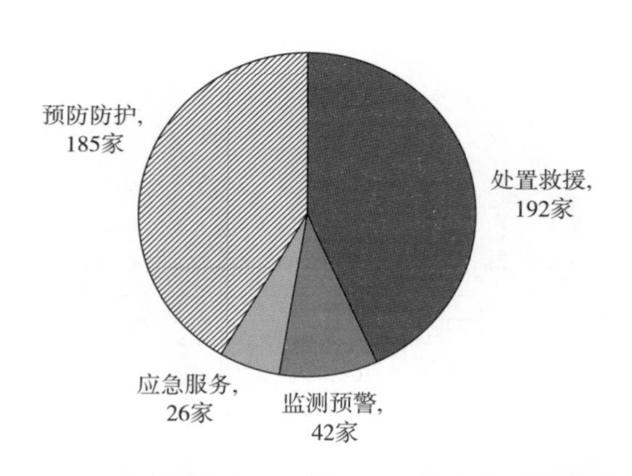

图 7-9　河北省安全应急重点企业四大领域企业数量

应急服务产品销售收入为 26. 87 亿元（2. 53%）。从企业数量来看，全省规模以上安全应急重点企业中，处置救援领域 192 家（43. 15%），预防防护领域 185 家（41. 57%），监测预警领域 42 家（9. 44%），应急服务领域 26 家（5. 84%）。

5. 监测预警领域重点企业发展方向

对照《安全应急产业重点产品和服务指导目录（2015 年）》，对河北省安全应急重点企业的发展方向进行划分，根据上报数据中各地市重点企业，监测预警领域的发展方向主要包括公共卫生事件监测预警产品、自然灾害事件监测预警产品、事故灾难监测预警产品、社会安全事件监测预警产品和其他监测预警产品。

在监测预警领域，河北省监测预警互联网服务支撑力度不足，在推进适用各种突发事件监测预警产品全覆盖和智能化，以及加强新型智能装备研发应用方向上还具有较大空间。从销售收入来看，事故灾难监测预警产品销售收入最高，为 23. 46 亿元（66. 69%），社会安全事件监测预警产品和其他监测预警产品销售收入相对较低，分别为 2. 91 亿元（8. 27%）和 0. 05 亿元（0. 14%），公共卫生事件监测预警产品销售收入为 5. 19 亿元（14. 75%），自然灾害事件监测预警产品销售收入为 3. 57 亿元（10. 15%）（见图 7-10）。从企业数量来看，以事故灾难监测预警产品为发展方向的企业数量最多，有 18 家企业（37. 50%）；以自然灾害事件监测预警产品和其他监测预警产品为发展方向的企业数量相对较少，分别有 8 家（16. 67%）和 2 家企业（4. 17%）；以公共卫生事件监测预警产品为发展方向的企业有 11 家（22. 92%）；以社会安全事件监测预警产品为发展方向的企业有 9 家（18. 75%）（见图 7-11）[①]。监测预警方向发展薄弱，完善公共卫生

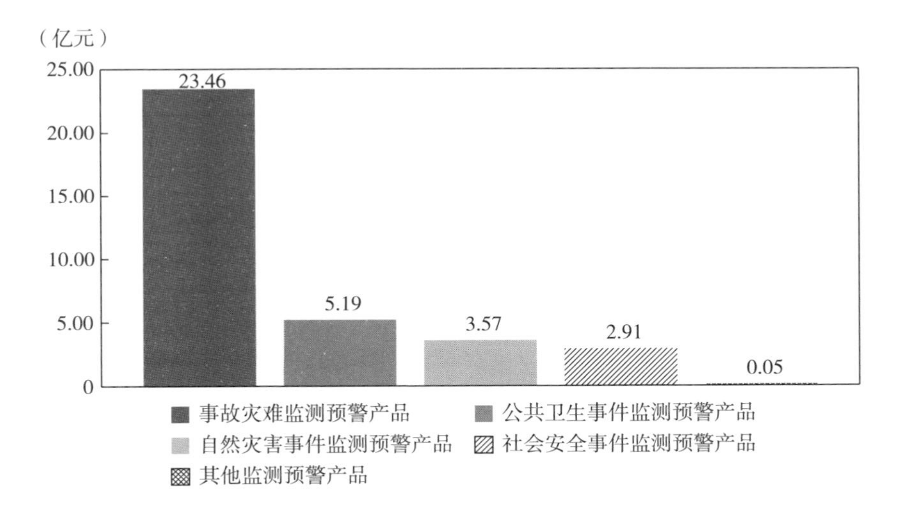

图 7-10 河北省安全应急重点企业监测预警领域按发展方向分销售收入

① 由四舍五入导致的误差，本书不做调整。下同。

事件以及事故灾难的监测防控体制机制、健全突发事件安全应急管理体系、健全统一的安全应急物资保障体系是提升监测预警能力的必要措施。

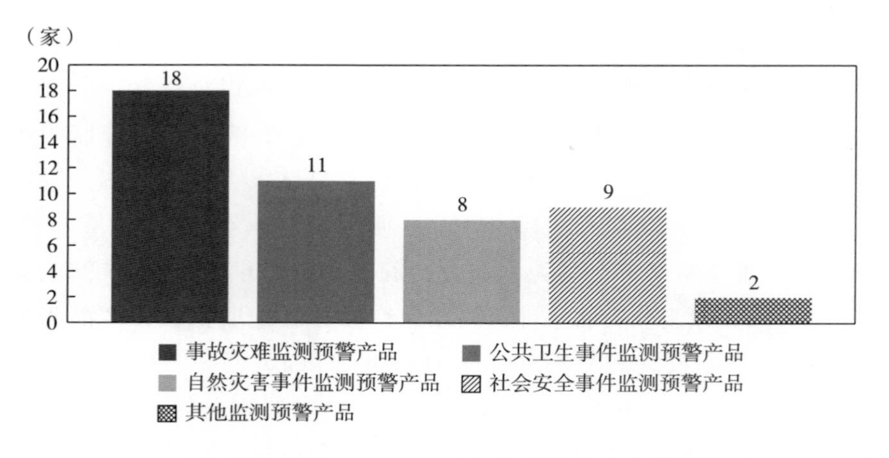

图 7-11　河北省安全应急重点企业监测预警领域按发展方向分企业数量

6. 预防防护领域重点企业发展方向

预防防护安全应急领域的发展方向主要包括个体防护产品、火灾防护产品、设备设施防护产品、其他防护产品。河北省依托医药行业优势，预防防护在安全应急产业的占比为 53.22%，要高于全国预防防护在安全应急产业领域的占比。预防防护产品在河北省安全应急产业重点企业四大分类领域排名第一，在此领域拥有较多技术基础雄厚的企业。从销售收入来看，个体防护产品和设备设施防护产品的销售收入较高，分别为 378.08 亿元（66.88%）、132.68 亿元（23.48%）；火灾防护产品和其他防护产品销售收入相对较小，分别为 28.29 亿元（5.01%）、26.13 亿元（4.62%）（见图 7-12）。从企业数量来看，发展方向为个体防护产品和设备设施防护产品的重点企业数量排名前 2，分别为 93 家（49.47%）、47 家（25.00%）；发展方向为火灾防护产品和其他防护产品的重点企业相对较少，分别为 15 家（7.98%）、33 家企业（17.55%）（见图 7-13）。

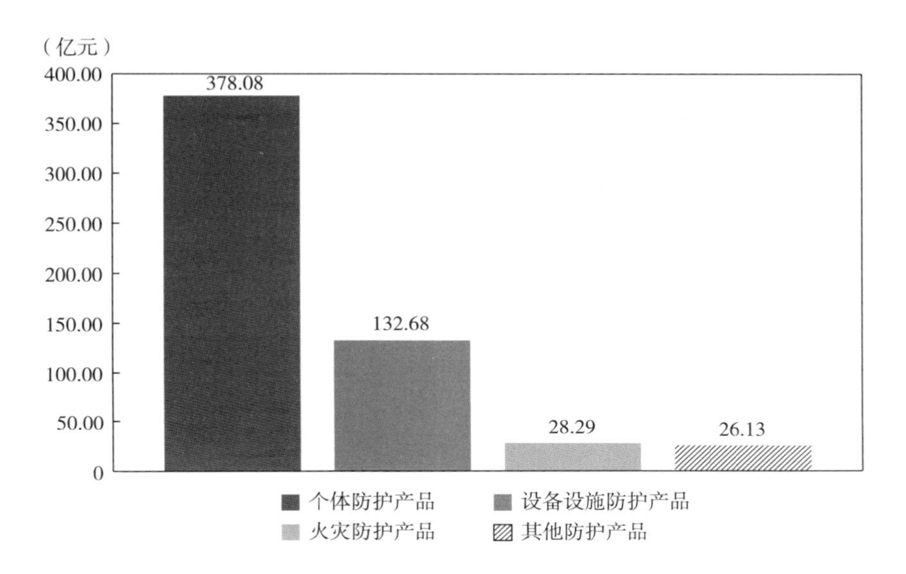

图 7-12　河北省安全应急重点企业监测预警领域按发展方向分销售收入

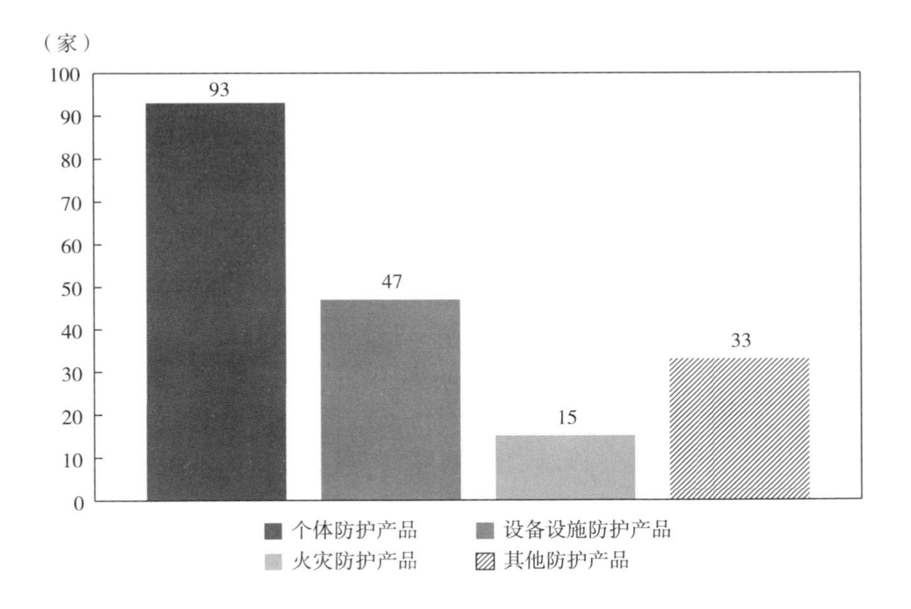

图 7-13　河北省安全应急重点企业监测预警领域按发展方向分企业数量

7. 处置救援领域重点企业发展方向

处置救援领域的发展方向包括生命救护产品、现场保障产品、抢险救援产品以及社会后勤保障产品。从销售收入来看，生命救护产品销售收入最多，为 220. 39 亿元（50. 48%）。社会后勤保障产品销售收入较低，为2. 43 亿元（0. 56%），现场保障产品销售收入为154. 69 亿元（35. 43%），抢险救援产品销售收入为 59. 06 亿元（13. 53%）（见图 7-14）。从企业数量来看，发展方向为生命救护产品和现场保障产品的重点企业数量排名前 2，分别为 78 家（38. 05%）、69 家（33. 66%）；发展方向为社会后勤保障的重点企业最少，仅有 1 家（0. 49%）、发展方向为抢险救援的重点企业有 57 家（27. 80%），如图 7-15 所示。

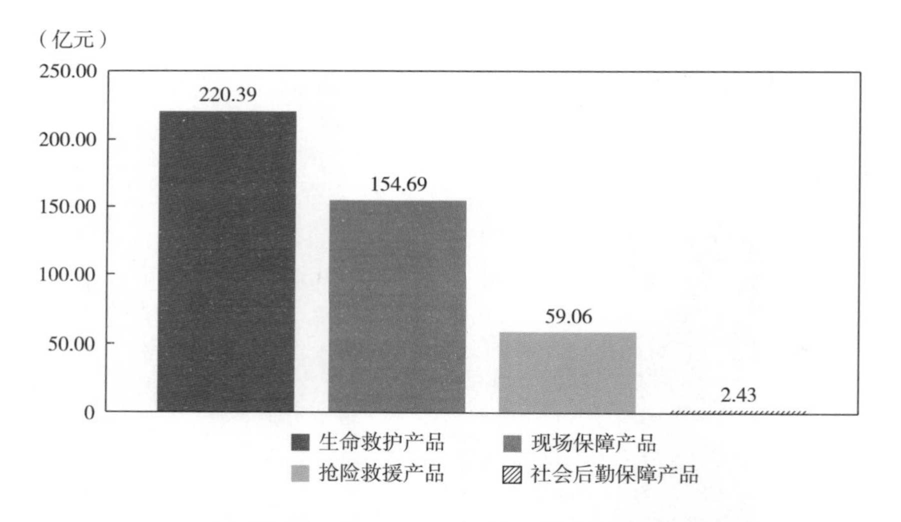

图 7-14　河北省安全应急重点企业处置救援领域按发展方向分销售收入

8. 应急服务领域重点企业发展方向

安全应急服务领域的发展方向包括社会化救援产品、军用产品、事前预防服务以及其他应急服务。从销售收入来看，社会化救援产品销售收入最高，为 15. 01 亿元（57. 44%），事前预防服务和其他应急服务销售收入排在末位，分别为 0. 38 亿元（1. 45%）、0. 74 亿元

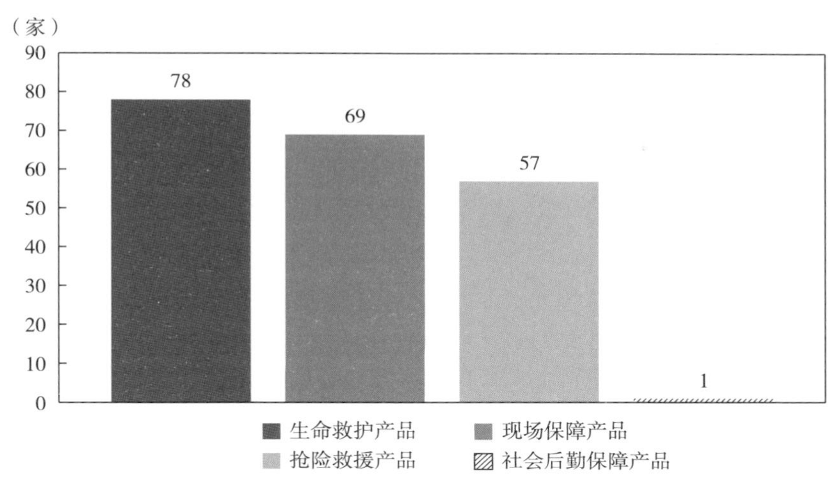

图 7-15　河北省安全应急重点企业处置救援领域按发展方向分企业数量

（2.83%），军用产品销售收入为 10 亿元（38.27%）（见图 7-16）。从企业数量来看，发展方向为社会化救援的重点企业数量为 16 家（59.26%），发展方向为军用产品、事前预防服务和其他应急服务的企业有 1 家（3.70%）、6 家（22.22%）及 4 家（14.81%）（见图 7-17）。

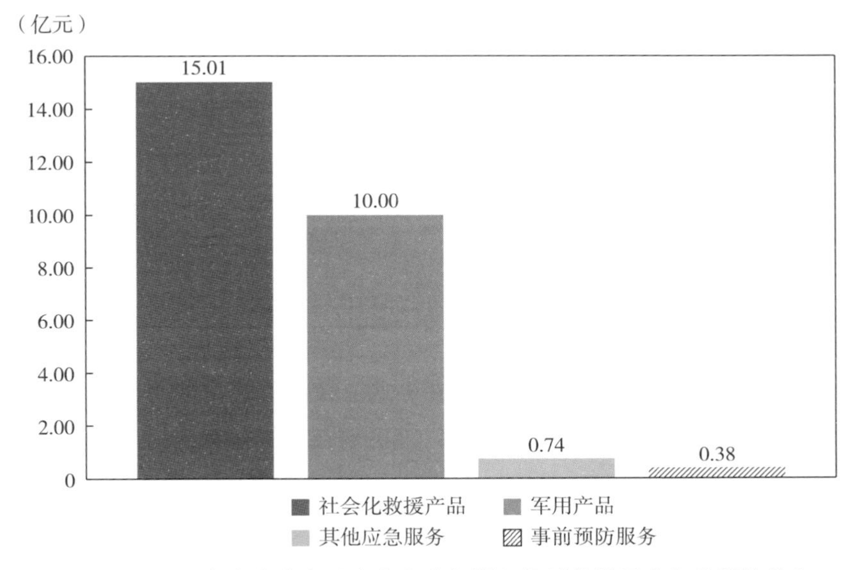

图 7-16　河北省安全应急重点企业应急服务领域按发展方向分销售收入

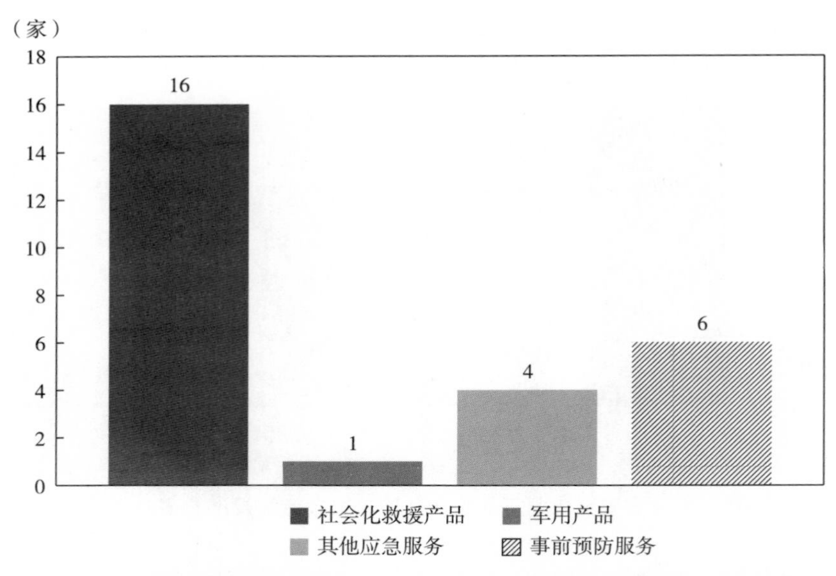

图 7-17　河北省安全应急重点企业应急服务领域按发展方向分企业数量

（三）河北省安全应急重点企业发展质量分析

1. 企业“小散弱”现象依然严峻

（1）河北省安全应急产业中小微企业仍占多数。

根据期末从业人员数量，将河北省安全应急重点企业分为微型企业（小于 10 人）、小型企业（10—100 人）、中型企业（101—300 人）和大型企业（300 人以上）。数据统计结果如图 7-18 所示。

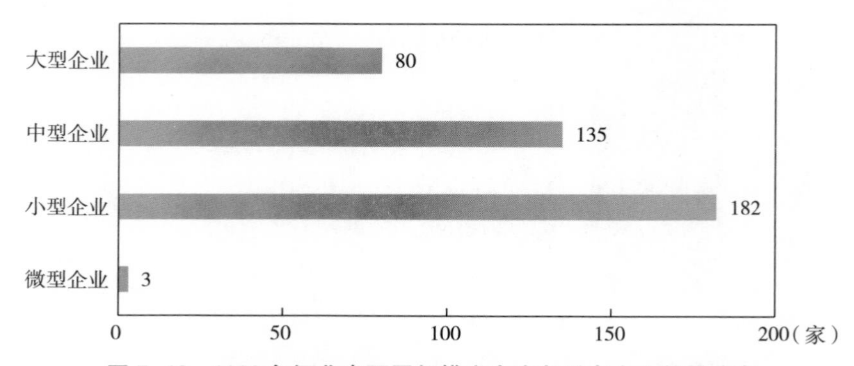

图 7-18　2020 年河北省不同规模安全应急重点企业数量分布

从图 7-18 中可以发现，重点企业中大型企业有 80 家（20%），中型企业有 135 家（33.75%），小型企业有 182 家（45.50%），微型企业有 3 家（0.75%），其中微型企业、小型企业和中型企业占比合计为 80%。河北省安全应急产业整体呈现较好发展趋势，但是安全应急重点企业规模还普遍偏小，“小散弱”状况依然没有好转。

（2）大型企业占一定的主导地位。

由图 7-19 和图 7-20 可以看出，2020 年企业规模为 300 人以上的大型企业年营业收入最多，为 1126.89 亿元（73.76%），相较于 2019 年年营业收入 849.62 亿元，增长了 32.63%；位于第二位的是小型企业，年营业收入为 203.00 亿元（13.29%），相较于 2019 年年营业收入 184.00 亿万，同比增长 10.33%；位于第三位的是中型企业，年营业收入为 196.78 亿元（12.88%），相较于 2019 年年营业收入 144.92 亿元，增长幅度达到 35.79%；位于最后一位的是企业规模小于 10 人的重点企业，年营业收入为 1.21 亿元（0.08%）。由此可以看出，河北省安全应急产业重点企业年营业收入存在显著差异，即大型企业（300 人以上）占主导，小型企业和中型企业机构营业收入处于相对较弱势的水平，特别是中型企业年营业收入仍需进一步提高。

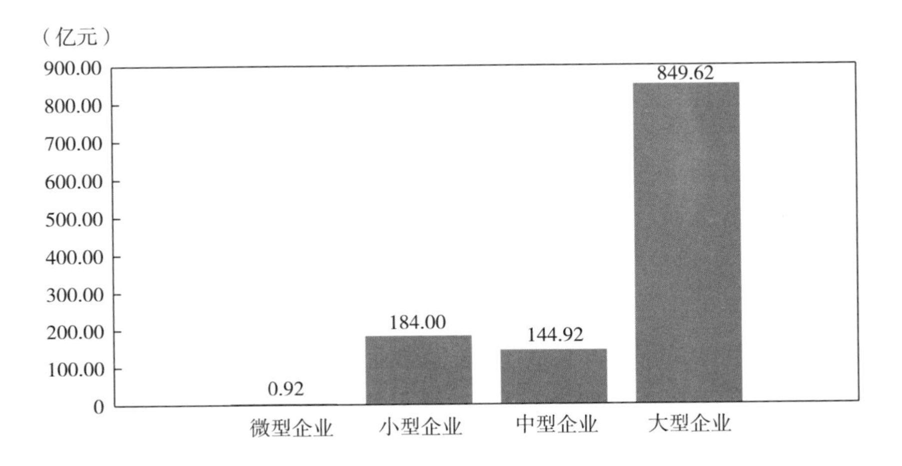

图 7-19　2019 年河北省不同规模安全应急重点企业年收入

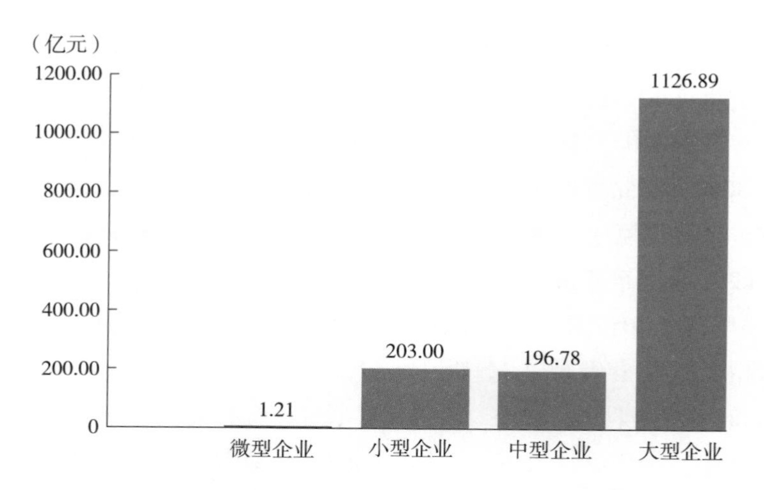

图 7-20　2020 年河北省不同规模安全应急重点企业年收入

（3）微型企业人均年营业收入最佳。

由图 7-21 可以看出，各类规模安全应急重点企业中，人均年营业收入最多的为微型企业，为 866. 14 万元/人；其次是小型企业，人均年营业收入为 207. 42 万元/人；再次是大型企业，人均年营业收入为 123. 08 万元/人；最后是中型企业，人均年营业收入最低，为 86. 39 万元/人；由此可以看出，河北省安全应急产业各种规模重点企业间人均年营业收入相差较大，且呈现出规模小的企业人均产出较高，规模较大的企业人均产出较低的特点。

2. 河北省安全应急重点企业发展存在区域差异

（1）安全应急重点企业数量存在明显区域差距。

河北省各地市按照所处地域可以分为京保廊地区（保定、廊坊）、冀中南地区（石家庄、沧州、衡水、邢台及邯郸）、冀西北地区（张家口）和冀东北地区（承德、唐山、秦皇岛）。

结合图 7-22 可以看出，冀中南地区重点企业数量为 216 家，占重点企业总量的 54. 00%；冀东北地区重点企业数量为 102 家，占重点企业总量的 25. 50%；京保廊地区重点企业数量为 73 家，占重点企业总量的 18. 25%；冀西北地区重点企业数量为 9 家，占重点企业总量的 2. 25%。

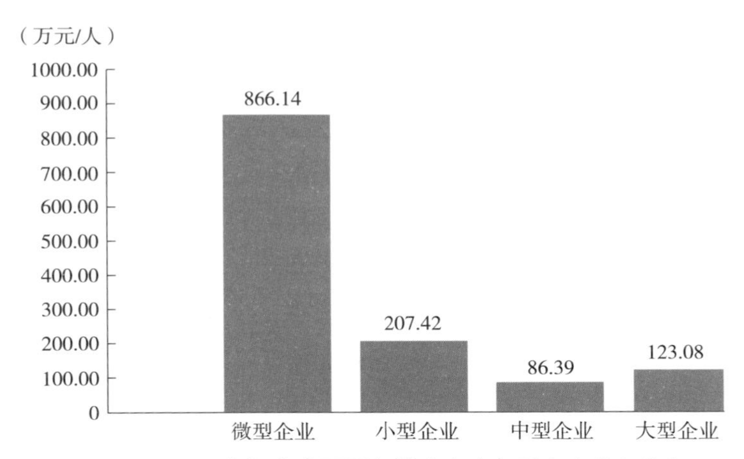

图 7-21　2020 年河北省不同规模安全应急重点企业年收入

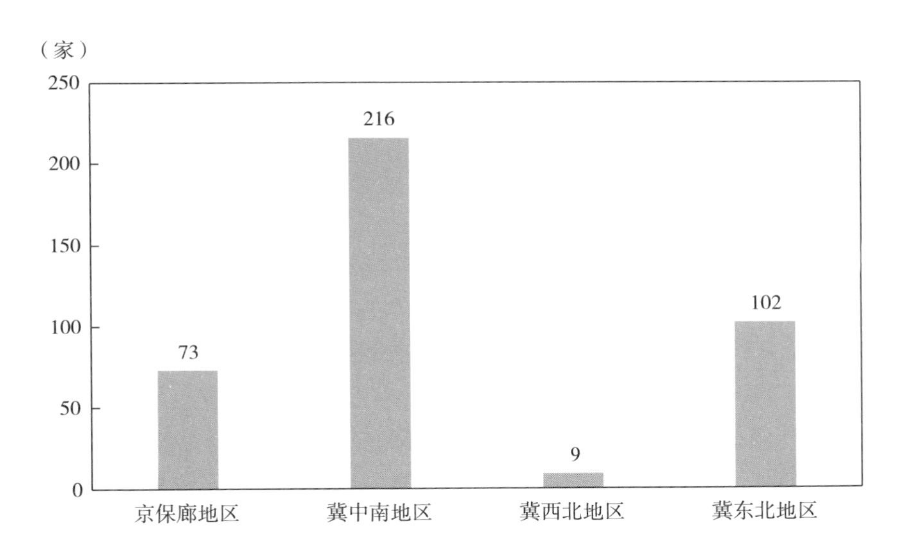

图 7-22　按地域分重点企业数量分布

（2）安全应急重点企业效益差异明显。

分地区来看，安全应急重点企业人均年营业收入在 100 万元以上的城市有唐山市、邯郸市、秦皇岛市，其中唐山市安全应急重点企业人均年营业收入最高，为 601.31 万元/人；安全应急重点企业人均年营业收入在 80 万—100 万元的城市有石家庄市、邢台市、张家口市、承德市、保定市，其中石家庄市安全应急重点企业人均年营业收入最高，为 98. 28 万元/人；安全应急重点企业人均年营业收入低于 80 万元的城市有沧州市、衡水市和廊坊市，分别为 62. 60 万元/人、62. 44 万元/人和 52. 83 万/人（见图 7-23）。

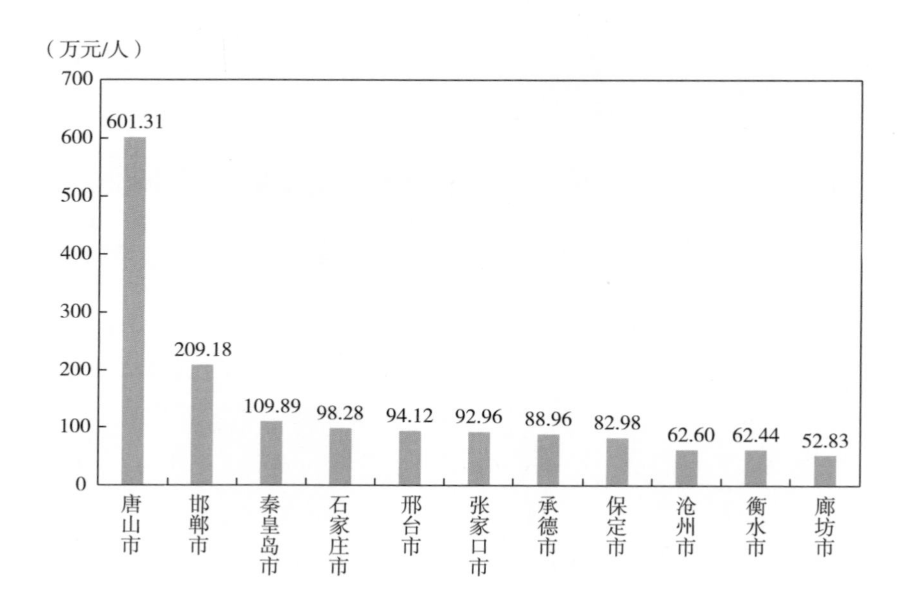

图 7-23　河北省各地市安全应急重点企业人均年营业收入

通过分析发现，河北省安全应急重点企业人均年营业收入最大值与最小值之差为 548. 48 万元/人，差距较为明显。人均年营业收入在 100 万元以下的城市数量为 8 座，占河北省城市数的 72. 73%，由此可以发现，河北省安全应急产业地区发展不平衡特征还比较明显。

由图 7-23 可以发现，河北省安全应急重点企业人均年营业收入分布呈现出两极化特点，即人均年营业收入 100 万元以上与人均年营业收入在 80 万元以下的城市数量均有 3 家。中间部分的各城市安全应急重点企业人均年营业收入最大差值也达到了 15. 30 万元/人。地区发展不平衡现象依旧比较明显。

河北省安全应急产业在国家有关政策的支持下机遇与挑战并存。

河北省安全应急企业应该充分利用现有技术优势，以及引导性和支持性的政策，不断提高内部创新能力、技术水平，将挑战转变为发展机遇。

第三节　本章小结

本章通过对国内外安全应急产业的发展现状进行总结，结合河北省安全应急产业发展背景，剖析了河北省应急产业的发展现状。通过调研分析发现，河北省安全应急产业规模不断扩大，产业品类日益丰富，安全应急产业链条初步形成，但也存在一些问题。未来要抓住国家对安全应急产业发展的有利政策，把握好安全应急产业发展机遇，做到各地区统筹发展，最终实现河北省安全应急产业高质量发展。

第八章　河北省安全应急产业发展机遇与挑战

随着经济社会不断发展，安全应急产业需求日益增长，为河北省安全应急产业提供了巨大市场空间，发展机遇存在的同时，河北省应急产业也面临着诸多挑战，本章在实地走访调研基础上，梳理总结出河北省安全应急产业存在的问题。

第一节　河北省安全应急产业发展机遇

一　政策支持力度大

在国家安全应急产业政策环境推动下，河北省高度重视安全应急产业建设，出台了《河北省安全应急产业发展规划（2020—2025）》，以提升安全应急产业整体水平和核心竞争力，增强应急突发事件的产业支撑能力。为不断推动产业集聚，提高创新能力，推进产业融合，河北省安全应急产业发展协调工作小组办公室制定《河北省安全应急产业 2021 年工作要点》，提出增大安全应急产业规模，推进国家应急示范基地提质扩量，培育省级安全应急产业示范基地和应急物资生产能力储备基地（集群、企业），认定重点龙头企业。出台了《河北省安全应急产业示范基地创建指南（试行）》和《河北省应急物资生产能力储备基地创建指南（试行）》等政策文件，设立了河北省应急产业引导基金和省级应急产业专项资金；夯实工作基础，构建产业统计体系，编制《河北省安全应急产业统计体系研究报告》和《河北省安全应急产业分析报告》，摸清目前河北省应急产业基本现状；打造产业平台，举办 2021 年中国·唐山应急产业大会、京津冀应急产业对接活动，国家华北区域应急救援中心落户张家口，为京津冀三地产业园区、企业搭建对接交流平台；构建产业格局，认定培育 7 家省级安全应急产业示范基地创建单位和 15 家企业为河北省应急物资生产能力储备基地，组织保定国家高新技术产业开发区 3 个应急产业集聚区申报国家安全应急产业示范基地。

二　经济产业基础较好

河北省安全应急产业发展经济环境基础好。2020 年，河北省全年生产总值增长 3.9%，一般公共预算收入增长 2.3%，居民年人均可支配收入增长 5.7%，主要指标好于全国平均水平。河北省拥有较为齐全的工业门类，2020 年全部工业增加值 11545.9 亿元，全年规模以上工业增加值增长 4.7%。钢铁、装备制造、石化、食品、医药、建材、纺织服装等产业规模在全国占有重要地位，电子信息、新能源、新材料、高端装备制造等新兴产业快速发展；服务业发展基础较好，现代服务业占比逐年提升，为安全应急产业发展提供了坚实的产业和经济基础。

三　地理位置优势

优越的地理位置为河北省安全应急产业的交流与合作创造了得天独厚的条件。河北省是我国东北地区与关内各省份联系的通道，同时与日本、韩国隔海相望，以北京为起点的高速公路、铁路、国道等交通线路穿越河北省境内。省域内秦皇岛、曹妃甸、黄骅港为国际通航的重要港口。河北毗邻京津，可利用京津的技术优势和科技资源，加强上下游合作，促进京津科技研究成果到河北转化，合理化产业发展链条，升级产业结构。

四　京津冀协同发展

自 2014 年提出以来，京津冀协同发展战略实施已有 9 年多。《京津冀协同发展规划纲要》对未来京津冀三省市定位作了明确的划分。其中河北省定位是“全国现代商贸物流重要基地、产业转型升级试验区、新型城镇化与城乡统筹示范区、京津冀生态环境支撑区”。京津冀协同规划同时明确了产业定位和方向，加快产业转型升级，推动产业转移对接，加强三省市产业发展规划衔接，制定京津冀产业指导目录，加快津冀承接平台建设，加强京津冀产业协作等。京津冀协同规划作为一项制度创新，为人才、资金和技术等新经济资源在三地的自由流通提供了制度保障和政策环境，是河北省承接北京新经济资源，大力发展安全应急产业的重大机遇。

五　雄安新区建设

雄安新区属于高新技术产业带，以科技研发服务业为主导，具有邻近高端人才密集区的显著优势。同时雄安新区将重点承接著名高校在新区设立分校、分院、研究生院等，建设特色学院和高精尖研究中心，统筹科研平台和设施、产学研用一体化创新中心资源，构建高水平、开放式、国际化高等教育聚集高地。雄安新区本身的新经济发展以及知识创新溢出效应，将会为河北省发展高端安全应急产业提供引领作用和坚实的知识基础。

六　发展潜力巨大

随着我国经济发展、社会进步和大众安全意识提高，社会各地对安全应急产品和服务的需求不断增加，我国安全应急产业市场潜力巨大。同时，安全应急产业发展空间巨大，符合国民经济和社会发展的需要，是河北省主动调、加快转的重要发展方向。

第二节　河北省安全应急产业发展挑战与问题

一　河北省安全应急产业发展面临的挑战

（一）行业竞争激烈

近几年来，随着社会进步、经济发展，社会各方越来越重视安全应急产业发展，同时在新冠疫情、各种自然灾害的共同影响下，安全应急产业企业也如雨后春笋般成长起来，应急产品多种多样，包括从风险监控系统到防护装备等。由于安全应急产业发展的必要性和产品的多样性，安全应急产业行业竞争越来越激烈。

（二）行业内部技术要求有待提升

随着安全应急产业技术演变速度不断加快，行业之间的竞争也逐渐变成了行业内部技术的比拼。河北省现有安全应急企业间竞争的本质就是技术、服务的竞争，如果企业内部的技术水平不能及时满足客户的新需求，或者竞争对手能够根据客户需求做出更快速、更有效的回应，那该企业将面临巨大的挑战。因此，安全应急产业的快速发展、国家有关政策的支持对企业来说是机遇与挑战并存，河北省各安全应急企业应该充分利用现有技术优势以及引导性和支持性的政策，把握这一机遇，不断提高内部创新能力、技术水平，使挑战转变为发展机遇，更好地为河北省乃至全国的安全应急产业发展做出突出贡献。

二 河北省安全应急产业发展存在的问题

根据以上重点企业典型调研结果分析，结合实地调研中政府管理部门、产业协会、产业联盟和企业反映的突出情况，本书认为河北省安全应急产业发展中主要有以下几个方面的问题。

（一）产业界限不清，安全应急产品无标准，影响精准支持和持续发展

安全应急产业涉及监测预警、预防防护、处置救援、应急服务四大领域，包括安全应急产品 9500 多种，其中既有公共品、准公共品，也有一般产品，兼具社会属性和市场属性。由于安全应急产业属新兴产业，发展时间短，在实践中产生了产业概念模糊、产品标准不清的问题。基层同志反映，哪些企业属于安全应急产业，哪些产品属于安全应急产品，哪些服务属于安全应急产业服务，目前并没有全国统一的科学标准；哪些企业应该引入园区、享有政策支持，哪些产能适宜列入储备产能等也没有统一规范。确定安全应急产业和产品，没有客观标准，随意性较大，“说是就是，说不是就不是”，这直接影响政策的制定和有效实施，进而影响产业的稳定发展。基层希望有关部门应尽快出台评定安全应急产业和产品的科学标准。

（二）安全应急产业发展不平衡、不充分，同国内先进地区存在差距

河北省安全应急产业同国内先进地区相比存在差距。一是在产业

和产品上主要表现为“五多五少”：制造业多，服务业少；低端产业多，高端产业少；应急救援多，防灾减灾少；各自为政多，协同平台少；贴牌销售多，自主研发少。

二是创新能力不足、创新资源匮乏。小企业多、大企业少，创新能力弱，企业在资金、技术、人才等创新要素方面比较匮乏。产学研合作机制尚不完善，与京津研发合作少、成果转化少，创新链与产业链未能很好衔接。

（三）龙头企业少，拳头产品少，缺乏产业领军集团

河北省安全应急企业中，年营业收入超亿元的企业仅 202 家，超 10 亿元的仅 38 家，与江浙等发达省份差距较大，在细分领域有些企业的某些产品已具有一定竞争力，但是，还达不到隐形冠军、拳头产品的地位。缺乏带动力强、国内外有较大影响力的领军集团和名牌产品，不仅难以带动安全应急产业的集成规模化发展，也极大地削弱了河北省安全应急产品在国内外市场的竞争力。

（四）安全应急市场波动大，日常需求能力不足

安全应急产品和服务的应用场景多具有突发性和偶然性特点，在日常生产生活中，无论政府、企业还是民众，尚未形成日常储备应急物资的习惯和常态机制，安全应急产品和日用产品融通度低，安全应急产品订单生产计划性差，容易造成企业“常态吃不饱，应急吃不了”局面，市场波动大，不利于企业长期良性发展。

（五）支持政策较滞后，产业政策缺乏针对性和准确性

一是在普遍实行的产业创新产品支持政策上，河北省的支持力度不够。如国外和广东深圳、江苏等先进地区都实行创新产品本地率先购买和使用政策，河北省尚没有实行。对此，企业反映强烈。

二是有些政策停留在一般的要求上，缺乏具体实施细则和实施措施，可操作性不强。多数政策偏重引导，缺乏对安全应急产业的经济利益、行为保障等激励性的配套措施，导致产业政策与产业发展需求不匹配，明显滞后产业发展需求。

三是安全应急产业的社会属性决定其不同于其他产业的发展路径，应该针对其属性出台专门的配套政策，河北省目前并没有。

第三节　本章小结

本章首先介绍了河北省安全应急产业发展机遇，包括政策支持、京津冀协同发展以及发展潜力等。其次，分析得出河北省目前发展面临的挑战和问题，包括行业竞争以及行业内部技术要求等挑战以及发展中的问题，并提出明确下一步发展改进的方向。

第九章　河北省安全应急产业高质量发展指数

针对河北省安全应急产业高质量发展评价体系，本章采用专家打分法获取数据，采用熵值法确定各级指标的权重，并通过模糊综合评价法对河北省安全应急产业高质量发展指数进行了测算，并针对测算结果提出了相应建议。

第一节　河北省安全应急产业高质量发展指数测算

一　河北省安全应急产业高质量发展指标体系权重

（一）数据预处理

为确定安全应急产业高质量发展指标体系的权重，选定河北省五个典型区域，邀请了安全应急产业领域内专家、企业家等人员针对不同区域进行打分，经过专家打分后，得到了五个区域的样本数据，将不同专家的打分取均值并对其进行同度量化处理。根据公式 $p_{ij} = \frac{x_{ij}}{\sum_{i=1}^{m} x_{ij}}$，可以得到河北省安全应急产业创新能力指标数据（见表9-1）和河北省安全应急产业发展绩效指标数据（见表9-2）。

表 9-1　　河北省安全应急产业创新能力指标数据（同度量化）

一级指标	二级指标	区域 1	区域 2	区域 3	区域 4	区域 5
创新支撑	军民融合	0.05	0.28	0.16	0.19	0.32
	社会组织	0.16	0.25	0.09	0.25	0.25
	安全生产标准	0.29	0.14	0.17	0.31	0.09
	国际交流合作	0.12	0.15	0.31	0.30	0.12
	产学研合作	0.29	0.25	0.31	0.02	0.13
	安全支撑平台建设	0.26	0.26	0.06	0.16	0.26
	科技创新资本支持	0.14	0.17	0.12	0.20	0.37
	科技创新管理体制	0.23	0.23	0.11	0.26	0.17
	科技创新战略规划	0.27	0.08	0.23	0.27	0.15
	安全应急产业技术研发机构能力	0.03	0.16	0.26	0.32	0.23
创新环境	产业投资	0.22	0.15	0.15	0.24	0.24
	科技创新资源	0.31	0.17	0.24	0.17	0.11
	集群发展状况	0.28	0.14	0.28	0.15	0.15
	信息共享环境	0.03	0.26	0.31	0.25	0.15
	信息化发展水平	0.09	0.18	0.06	0.35	0.32
	安全应急产业基地	0.15	0.24	0.18	0.12	0.31
	安全应急创新人才培养	0.23	0.19	0.26	0.19	0.13
	全民公共安全和风险意识	0.32	0.15	0.21	0.09	0.23
创新投入	技术先进程度	0.12	0.30	0.18	0.25	0.15
	安全应急产业专利数	0.21	0.27	0.06	0.28	0.18
	科技创新基地数量	0.15	0.25	0.26	0.18	0.16
	安全应急产业技术创新投入	0.06	0.27	0.27	0.22	0.18
	安全应急产业研发人力投入	0.26	0.12	0.16	0.26	0.20
	安全应急产业研发机构数量	0.27	0.12	0.36	0.07	0.18
智能化水平	设施设备智能化水平	0.12	0.24	0.25	0.26	0.13
	安全应急技术响应有效性	0.21	0.21	0.16	0.06	0.36
	安全应急产业智能技术创新度	0.24	0.24	0.21	0.19	0.12

表 9-2　河北省安全应急产业发展绩效指标数据（同度量化）

一级指标	二级指标	区域 1	区域 2	区域 3	区域 4	区域 5
政策支持	政府扶持政策增长率	0.12	0.08	0.10	0.22	0.48
	企业吸收投融资增长率	0.07	0.17	0.15	0.24	0.37
	税收优惠比例	0.08	0.15	0.10	0.28	0.39
	政府监督影响度	0.08	0.15	0.23	0.21	0.33
	政府资金支持增长率	0.16	0.14	0.16	0.29	0.25
要素投入	安全应急产业从业人员增长率	0.23	0.05	0.19	0.21	0.32
	安全应急产业技术人员投入增长率	0.19	0.14	0.16	0.24	0.27
	安全应急产业从业人员接受培训占比	0.09	0.11	0.14	0.24	0.42
	安全应急产业总资产	0.12	0.10	0.10	0.32	0.36
	安全应急产业年平均资产利润	0.05	0.13	0.18	0.22	0.42
	安全应急产业基础设施总资产	0.18	0.08	0.18	0.25	0.31
	安全应急产业基础设施总资产年增长率	0.31	0.03	0.08	0.25	0.33
	安全应急产业科技创新基地数量	0.20	0.13	0.13	0.25	0.29
	安全应急产业创新投入占比	0.09	0.09	0.12	0.28	0.42
发展环境	安全应急教育基地数量	0.08	0.11	0.20	0.25	0.36
	安全应急产业国际交流合作程度	0.30	0.10	0.20	0.10	0.30
	设备智能化水平	0.05	0.24	0.29	0.22	0.20
	安全应急管理信息化程度	0.13	0.13	0.10	0.37	0.27
	企业市场竞争力	0.15	0.15	0.12	0.25	0.33
	国际资源的利用率	0.15	0.20	0.15	0.19	0.31
	安全应急教育培训频率	0.15	0.19	0.17	0.21	0.28
	全民公共安全和风险意识	0.04	0.21	0.24	0.21	0.30
	安全应急管理高等教育和研究情况	0.22	0.08	0.14	0.26	0.30
	安全应急产业职业教育机构数量	0.11	0.05	0.16	0.26	0.42
	安全应急预防与保障能力	0.09	0.05	0.13	0.30	0.43
产业规划	产业链上下游产业产值增长率	0.06	0.15	0.22	0.26	0.31
	产业链协助度	0.15	0.15	0.19	0.23	0.28
	安全应急产业相关企业数量增长率	0.09	0.17	0.18	0.17	0.39
	安全应急产业基地增长率	0.18	0.15	0.23	0.20	0.24
	安全应急产业资源整合程度	0.17	0.08	0.19	0.25	0.31
	产业集聚发展情况	0.11	0.08	0.21	0.25	0.35
	安全应急服务业发展情况	0.05	0.04	0.18	0.32	0.41

（二）计算第 j 项指标的熵值

根据 $e_j = -k\sum_{i=1}^{m} p_{ij}\ln(p_{ij})$ 计算第 j 个指标的熵值 e，如表 9-3 和表 9-4 所示。其中，k 与 m 有关，且 $k=1/\ln m$。

表 9-3　　河北省安全应急产业创新能力指标熵值

指标	1	2	3	4	5	6	7	8	9	10	11	12	13	14
熵值	0.92	0.96	0.94	0.94	0.88	0.94	0.94	0.98	0.95	0.90	0.99	0.96	0.97	0.90
指标	15	16	17	18	19	20	21	22	23	24	25	26	27	
熵值	0.89	0.97	0.98	0.95	0.97	0.94	0.98	0.94	0.98	0.91	0.97	0.92	0.98	

表 9-4　　河北省安全应急产业发展绩效指标熵值

指标	1	2	3	4	5	6	7	8	9	10	11	12	13	14	15	16
熵值	0.85	0.92	0.90	0.94	0.97	0.93	0.98	0.90	0.90	0.88	0.95	0.86	0.97	0.88	0.92	0.93
指标	17	18	19	20	21	22	23	24	25	26	27	28	29	30	31	32
熵值	0.94	0.92	0.95	0.98	0.99	0.92	0.95	0.87	0.84	0.93	0.98	0.93	0.99	0.95	0.92	0.82

（三）计算第 j 项指标的差异系数

对于第 j 个指标，指标值 x_{ij} 的差异越大，对方案评估的影响越大，熵值越小，即 g_j 越大，指标越重要。根据公式 $g_j=1-e_j$，可得指标差异系数如表 9-5 和表 9-6 所示。

表 9-5　　河北省安全应急产业创新能力指标差异系数

指标	1	2	3	4	5	6	7	8	9	10	11	12	13	14
差异系数	0.08	0.04	0.06	0.06	0.12	0.06	0.06	0.02	0.05	0.10	0.01	0.04	0.03	0.10
指标	15	16	17	18	19	20	21	22	23	24	25	26	27	
差异系数	0.11	0.03	0.02	0.05	0.03	0.06	0.02	0.06	0.02	0.09	0.03	0.08	0.02	

表 9-6　　河北省安全应急产业发展绩效指标差异系数

指标	1	2	3	4	5	6	7	8	9	10	11	12	13	14	15	16
差异系数	0. 15	0. 08	0. 10	0. 06	0. 03	0. 07	0. 02	0. 10	0. 10	0. 12	0. 05	0. 14	0. 03	0. 12	0. 08	0. 07
指标	17	18	19	20	21	22	23	24	25	26	27	28	29	30	31	32
差异系数	0. 06	0. 08	0. 05	0. 02	0. 01	0. 08	0. 05	0. 13	0. 16	0. 07	0. 02	0. 07	0. 01	0. 05	0. 08	0. 18

（四）指标权重

根据公式 $w_j = \frac{g_j}{\sum_{i=1}^{m} g_j}$ 得到指标权重，如表 9-7 和表 9-8 所示。

表 9-7　　河北省安全应急产业创新能力指标权重

指标	1	2	3	4	5	6	7	8	9	10	11	12	13	14
指标权重	0. 06	0. 03	0. 04	0. 04	0. 09	0. 04	0. 04	0. 02	0. 03	0. 07	0. 01	0. 03	0. 02	0. 07
指标	15	16	17	18	19	20	21	22	23	24	25	26	27	
指标权重	0. 08	0. 02	0. 01	0. 03	0. 02	0. 04	0. 01	0. 04	0. 02	0. 06	0. 02	0. 05	0. 01	

表 9-8　　河北省安全应急产业发展绩效指标权重

指标	1	2	3	4	5	6	7	8	9	10	11	12	13	14	15	16
指标权重	0. 06	0. 03	0. 04	0. 02	0. 01	0. 03	0. 01	0. 04	0. 04	0. 05	0. 02	0. 06	0. 01	0. 05	0. 03	0. 03
指标	17	18	19	20	21	22	23	24	25	26	27	28	29	30	31	32
指标权重	0. 03	0. 03	0. 02	0. 01	0. 01	0. 03	0. 02	0. 05	0. 07	0. 03	0. 01	0. 03	0. 01	0. 02	0. 03	0. 07

二　河北省安全应急产业高质量发展指数综合评价

（一）评价对象的因素集

将安全应急产业创新能力和发展绩效分为两级。

（1）创新能力（U_1）。

创新能力的一级指标：I_1 = ｛创新支撑，创新环境，创新环境，智能化水平｝。

创新能力的二级指标：U_{11} =｛军民融合、社会组织、安全生产标准、国际交流合作、产学研合作、安全支撑平台建设、科技创新资本支持、科技创新管理体制、科技创新战略规划、安全应急产业技术研发机构能力｝，U_{12} =｛产业投资、科技创新资源、集群发展状况、信息共享环境、信息化发展水平、安全应急产业基地、安全应急创新人才培养、公众公共安全和风险意识｝，U_{13} =｛技术先进程度、安全应急产业专利数、科技创新基地数量、安全应急产业技术创新投入、安全应急产业研发人力投入、安全应急产业研发机构数量｝，U_{14} =｛设施设备智能化水平、安全应急技术响应有效性、安全应急产业智能技术创新度｝。

（2）发展绩效（U_2）。

发展绩效的一级指标：I_2 =｛政策支持，要素投入，发展环境，产业规划｝。

发展绩效的二级指标：U_{21} =｛政府扶持政策增长率、企业吸收投融资增长率、税收优惠比例、政府监督影响度、政府资金支持增长率｝，U_{22} =｛安全应急产业从业人员增长率、安全应急产业技术人员增长率、安全应急产业从业人员培训占比、安全应急产业总资产、安全应急产业年平均资产利润、安全应急产业基础设施总资产、安全应急产业基础设施总资产年增长率、安全应急产业科技创新基地数量、安全应急产业创新投入占比｝，U_{23} =｛安全应急教育基地数量、安全应急产业国际交流合作程度、设备智能化水平、安全应急管理信息化程度、企业市场竞争力、国际资源利用率、应急教育培训频率、公众公共安全和风险意识、安全应急管理高等教育和研究情况、安全应急产业职业教育机构数量、安全应急预防与保障能力｝，U_{24} =｛产业链上下游产业产值增长率、产业链协助度、安全应急产业相关企业数量增长率、安全应急产业基地增长率、安全应急产业资源整合程度、产业集聚发展情况、安全应急服务业发展情况｝。

（二）评价对象的评语集

这里假设评语等级为 4 个等级，即 v =｛v_1，v_2，v_3，v_4｝=｛好，较好，一般，差｝。

（三）评价因素的权重

根据熵值法可知二级指标的权重，一级指标的权重等于相应的二级子指标权重之和。最终得到安全应急产业创新能力和发展绩效指数权重体系结果如表 9-9 和表 9-10 所示。

表 9-9　　河北省安全应急产业创新能力指标权重

目标层	一级指标	一级权重	二级指标	二级权重	二级总权重
安全应急竞争力创新能力评价	创新支撑	0.46	军民融合	0.13	0.06
			社会组织	0.07	0.03
			安全生产标准	0.09	0.04
			国际交流合作	0.09	0.04
			产学研合作	0.20	0.09
			安全支撑平台建设	0.09	0.04
			科技创新资本支持	0.09	0.04
			科技创新管理体制	0.04	0.02
			科技创新战略规划	0.07	0.03
			安全应急产业技术研发机构能力	0.15	0.07
	创新环境	0.27	产业投资	0.04	0.01
			科技创新资源	0.11	0.03
			集群发展状况	0.07	0.02
			信息共享环境	0.26	0.07
			信息化发展水平	0.30	0.08
			安全应急产业基地	0.07	0.02
			安全应急创新人才培养	0.04	0.01
			公众公共安全和风险意识	0.11	0.03
	创新投入	0.19	技术先进程度	0.11	0.02
			安全应急产业专利数	0.21	0.04
			科技创新基地数量	0.05	0.01
			安全应急产业技术创新投入	0.21	0.04
			安全应急产业研发人力投入	0.11	0.02
			安全应急产业研发机构数量	0.32	0.06
	智能化水平	0.08	设施设备智能化水平	0.25	0.02
			安全应急技术响应有效性	0.62	0.05
			安全应急产业智能技术创新度	0.13	0.01

表 9-10 河北省安全应急产业发展绩效指标权重

目标层	一级指标	一级权重	二级指标	二级权重	二级总权重
安全应急竞争力发展绩效评价	政策支持	0.16	政府扶持政策增长率	0.37	0.06
			企业吸收投融资增长率	0.19	0.03
			税收优惠比例	0.25	0.04
			政府监督影响度	0.13	0.02
			政府资金支持增长率	0.06	0.01
	要素投入	0.31	安全应急产业从业人员增长率	0.10	0.03
			安全应急产业技术人员增长率	0.03	0.01
			安全应急产业从业人员培训占比	0.13	0.04
			安全应急产业总资产	0.13	0.04
			安全应急产业年平均资产利润	0.16	0.05
			安全应急产业基础设施总资产	0.07	0.02
			安全应急产业基础设施总资产年增长率	0.19	0.06
			安全应急产业科技创新基地数量	0.03	0.01
			安全应急产业创新投入占比	0.16	0.05
	发展环境	0.33	安全应急教育基地数量	0.09	0.03
			安全应急产业国际交流合作程度	0.09	0.03
			设备智能化水平	0.09	0.03
			安全应急管理信息化程度	0.09	0.03
			企业市场竞争力	0.06	0.02
			国际资源利用率	0.03	0.01
			安全应急教育培训频率	0.03	0.01
			公众公共安全和风险意识	0.09	0.03
			安全应急管理高等教育和研究情况	0.06	0.02
			安全应急产业职业教育机构数量	0.15	0.05
			安全应急预防与保障能力	0.22	0.07
	产业规划	0.20	产业链上下游产业产值增长率	0.15	0.03
			产业链协助度	0.05	0.01
			安全应急产业相关企业数量增长率	0.15	0.03
			安全应急产业基地增长率	0.05	0.01
			安全应急产业资源整合程度	0.10	0.02
			产业集聚发展情况	0.15	0.03
			安全应急服务业发展情况	0.35	0.07

（四）模糊综合评价

首先获取专家对于河北省安全应急产业创新能力和发展绩效的打分情况（见表 9-11 和表 9-12），分为好、较好、一般、差四个等级，经过数据处理之后可得各个指标的隶属度情况。

表 9-11　　河北省安全应急产业创新能力专家打分

目标层	一级指标	二级指标	好	较好	一般	差
安全应急竞争力创新能力评价	创新支撑	军民融合	0.28	0.44	0.19	0.09
		社会组织	0.26	0.46	0.2	0.08
		安全生产标准	0.22	0.47	0.28	0.03
		国际交流合作	0.31	0.29	0.35	0.05
		产学研合作	0.25	0.39	0.31	0.05
		安全支撑平台建设	0.29	0.32	0.24	0.15
		科技创新资本支持	0.36	0.27	0.25	0.12
		科技创新管理体制	0.37	0.33	0.25	0.05
		科技创新战略规划	0.31	0.39	0.22	0.08
		安全应急产业技术研发机构能力	0.37	0.22	0.35	0.06
	创新环境	产业投资	0.28	0.35	0.21	0.16
		科技创新资源	0.33	0.38	0.22	0.07
		集群发展状况	0.21	0.29	0.42	0.08
		信息共享环境	0.21	0.32	0.31	0.16
		信息化发展水平	0.35	0.41	0.15	0.09
		安全应急产业基地	0.26	0.34	0.25	0.15
		安全应急创新人才培养	0.31	0.42	0.16	0.11
		公众公共安全和风险意识	0.30	0.34	0.31	0.05
	创新投入	技术先进程度	0.36	0.21	0.22	0.21
		安全应急产业专利数	0.20	0.35	0.32	0.13
		科技创新基地数量	0.24	0.34	0.32	0.10
		安全应急产业技术创新投入	0.39	0.28	0.26	0.07
		安全应急产业研发人力投入	0.28	0.34	0.22	0.16
		安全应急产业研发机构数量	0.31	0.26	0.28	0.15
	智能化水平	设施设备智能化水平	0.32	0.36	0.26	0.06
		安全应急技术响应有效性	0.30	0.26	0.29	0.15
		安全应急产业智能技术创新度	0.35	0.29	0.24	0.12

表 9-12 河北省安全应急产业发展绩效专家打分

目标层	一级指标	二级指标	好	较好	一般	差
安全应急竞争力发展绩效评价	政策支持	政府扶持政策增长率	0.40	0.23	0.25	0.12
		企业吸收投融资增长率	0.36	0.25	0.28	0.11
		税收优惠比例	0.45	0.3	0.22	0.03
		政府监督影响度	0.25	0.34	0.32	0.09
		政府资金支持增长率	0.35	0.26	0.34	0.05
	要素投入	安全应急产业从业人员增长率	0.35	0.25	0.22	0.18
		安全应急产业技术人员投入增长率	0.23	0.35	0.24	0.18
		安全应急产业从业人员接受培训占比	0.36	0.33	0.20	0.11
		安全应急产业总资产	0.37	0.29	0.16	0.18
		安全应急产业年平均资产利润	0.32	0.30	0.22	0.16
		安全应急产业基础设施总资产	0.36	0.27	0.23	0.14
		安全应急产业基础设施总资产年增长率	0.19	0.32	0.37	0.12
		安全应急产业科技创新基地数量	0.34	0.36	0.12	0.18
		安全应急产业创新投入占比	0.35	0.32	0.20	0.13
	发展环境	安全应急教育基地数量	0.34	0.28	0.16	0.22
		安全应急产业国际交流合作程度	0.34	0.25	0.26	0.15
		设备智能化水平	0.33	0.38	0.22	0.07
		安全应急管理信息化程度	0.16	0.41	0.34	0.09
		企业市场竞争力	0.28	0.29	0.25	0.18
		国际资源利用率	0.28	0.26	0.33	0.13
		安全应急教育培训频率	0.16	0.28	0.34	0.22
		公众公共安全和风险意识	0.38	0.27	0.10	0.25
		安全应急管理高等教育和研究情况	0.30	0.25	0.17	0.28
		安全应急产业职业教育机构数量	0.32	0.30	0.28	0.10
		安全应急预防与保障能力	0.31	0.29	0.25	0.15
	产业规划	产业链上下游产业产值增长率	0.36	0.28	0.16	0.20
		产业链协助度	0.21	0.26	0.34	0.19
		安全应急产业相关企业数量增长率	0.24	0.28	0.29	0.19
		安全应急产业基地增长率	0.25	0.29	0.26	0.20
		安全应急产业资源整合程度	0.35	0.24	0.26	0.15
		产业集聚发展情况	0.40	0.21	0.2	0.19
		安全应急服务业发展情况	0.32	0.26	0.21	0.21

通过表 9-11 和表 9-12 得到了创新能力和发展绩效分别对应的模糊关系矩阵，结合熵权法所得到的权重体系最终可以计算得出综合评价向量创新能力向量 B_1 和发展绩效向量 B_2。

$B_1=(0.29\quad 0.34\quad 0.27\quad 0.10)$

$B_2=(0.32\quad 0.29\quad 0.24\quad 0.15)$

最后可以分别计算创新能力指数 U_1 和发展绩效指数 U_2。

$U_1=(0.29\quad 0.34\quad 0.27\quad 0.10)\cdot(100\quad 80\quad 60\quad 40)^T=76.64$

$U_2=(0.32\quad 0.29\quad 0.24\quad 0.15)\cdot(100\quad 80\quad 60\quad 40)^T=75.70$

第二节　河北省安全应急产业高质量发展指数评价结果分析

根据河北省安全应急产业高质量发展指数测算结果，河北省安全应急产业在创新能力和发展绩效上总体得分情况较好，但是，也存在一定的问题，需要进一步提升创新能力和发展绩效，从而提升河北省安全应急产业高质量发展水平。

一　安全应急产业创新能力

根据河北省安全应急产业创新能力评价指标权重可以得出：创新支撑所占权重最大。因此，首先，应针对安全应急产业完善强化创新支撑体系，即重视军民融合，以研究院为平台开展军民融合技术创新合作和成果转化，同时加大与京津冀协同创新转化力度，加大与国内发达地区、国外先进技术领域的合作，实现安全应急产业创新链和产业链衔接，加大安全应急产业开放合作，借助外部先进的技术、理念与标准提升河北省安全应急产业发展水平，扩大产业影响力和知名度。为安全应急产业发展提供更多的交流展示平台，营造更加良好的环境。鼓励河北省高校设立应急管理、应急技术与管理、安全工程相关本科专业，申请相应硕士、博士授权点。鼓励高校、研究机构和企业进行产学研合作，推动产学研融合协同发展。成立新型研发机构，提升产业创新能力，促进创新链和产业链的紧密衔接。

其次，加大创新投入。加大对取得重要创新成果的个人和企业的奖励，不断吸纳、培养大量的应急产业科研人员；加大创新投资，建立科技创新基地，从而不断提高技术先进程度，增加安全应急产业专利数量。提升安全应急产业创新能力，加大对安全应急产业创新能力的支持力度，优化科技创新管理体制。推动将安全应急产业基础研发、关键设备研发、技术改进等内容列入省科技计划项目专题方向。

再次，提升智能化水平。可以以雄安新区为龙头，建立雄安数字化、智能化高端安全应急产业研发中心。建设高端安全应急产业就必须要重视研发，通过建立多层次的产业研发中心，培育和发展产业研发功能。充分发挥雄安新区智力优势和品牌效应，建立雄安数字化、智能化高端安全应急产业企业集聚区，大力引进龙头企业，促使集聚区形成纵向上下游、横向配套的产业链条，并从系统的角度打造集聚区公共服务平台，关注企业需求，从金融、研发、咨询以及生活等方面整合企业需求资源，提升集聚区整体发展水平。

最后，优化创新环境。政府相关管理部门可以组织高校、安全应急企业、科研院所等主体，通过签订科技项目合同或契约等形式搭建产业链与创新链的协同联盟，开展协同研发，形成各主体分工协调、互利共赢的创新模式。然后是产业规划，要加快对掌握核心技术的龙头企业和品牌制造商的培育，并通过安全应急产业链的上下游互动，带动创新链不同环节之间的知识和信息流动，打造一批具有核心技术竞争力的企业，提高整个安全应急产业的集成创新能力和国际竞争力，逐步形成自主创新型的安全应急产业高质量发展模式。

二　安全应急产业发展绩效

根据河北省安全应急产业发展绩效评价指标权重可以得出，发展环境所占权重最大。因此，首先，应着重优化发展环境体系，即支持企业与高校建立长期的合作联盟，在充分发挥高校与科研院所强大科技创新能力，实现共性技术和关键技术突破性创新的同时，积极推动技术创新成果的产业化。推动安全应急数字化，实现设施设备的数字化，加快推进安全应急产业与数字产业相结合，对标国际、国内先进地区，加强交流与合作。充分整合企业需求资源，提高安全应急预防与保障能力。提高公众的公共安全与风险意识，建设全社会的安全文化体系，构建政府、企业、社会三大主体相结合的储备体系。

其次，加大发展要素投入。积极吸纳整合项目、资金、人才、技术等各类要素资源。针对河北省优势特色安全应急产业企业，在金融、人才、土地、税收、科研立项、资质认定、推荐目录、奖励政策方面给予倾斜。

最后，做好产业规划和加大政府政策支持。制订专门针对促进安全应急产业发展的配套政策，有效制定和实施产业政策，推动企业快速健康发展。

第三节　本章小结

基于上文建立的安全应急产业高质量发展评价指标体系，本章运用熵值模糊综合评价法对河北省安全应急产业高质量发展指数进行了测算，并根据测算结果从创新能力和发展绩效两个角度提出了促进河北省安全应急产业高质量发展的对策建议。

第十章　河北省安全应急产业高质量发展路径及对策

河北省安全应急产业发展迅速，但同样面临竞争激烈、技术创新、地区发展不平衡、政策滞后等挑战。结合河北省安全应急产业高质量发展的评价结果，发现河北省安全应急产业在创新支撑和发展环境方面上需要提升。本章结合河北省安全应急产业发展现状及其发展水平，从发展环境、政策支持和创新能力提升等角度提出河北省安全应急产业的发展路径，以帮助河北省不断推动产业集聚、提升创新能力，推动河北省安全应急产业实现高质量发展。

第一节　河北省安全应急产业高质量发展路径

一　标准先行，精准施策

（一）制定和完善安全应急产业标准体系

独立的、完备的标准体系是安全应急产业良性有序发展的基础，要从安全应急产品和服务的应急特点和通用特点两个方面相结合制定相应的标准，从而保证安全应急产品平时满足社会常态化需求，灾时满足安全应急需求。同时应加大标准落实和执行的力度，并进一步明确安全应急产业目录，并根据实际情况和市场需求动态更新，实时发布。

（二）针对安全应急产品和服务划分等级

根据安全应急产业符合度和发展迫切性，对产品或服务进行等级划分，精准施策。根据安全应急产业符合度和发展迫切性，对安全应急产品和服务进行等级划分，能够避免产业管理的随意性和粗放性。这是有效制定和实施产业政策，推动企业快速健康发展的首要任务和前提。建议迅速组建专家队伍，与政府部门和企业一起，对河北省安全应急产品和服务按应急重要程度和迫切性进行科学的分类分级。对于产品和服务应急属性明显，且急需发展的产品，划分为 A 类产品；对于产品和服务应急属性中等、可培育发展的产品划分为 B 类产品；对应急属性较弱但也具有一定支撑作用的产品和服务划分为 C 类；对于其他相关产品，划分为 D 类。产品等级划分可动态调整。对于不同类别产品，实施不同的认定、支持及倾斜政策，为后续配套政策的制定、产业统计、产能储备、市场需求评估等提供可操作的依据。

（三）完善安全应急产业基地管理机制

完善省级安全应急产业示范基地认定标准，健全现行的示范基地优胜劣汰机制、“有进有出”的动态管理机制。多年实践证明，产业示范基地的建设有利于新形势下创新科技服务的模式和机制，为有效开展安全应急产业提供示范和指导。发挥市场主导和政府引导作用，优化安全应急产品产能区域布局，突出示范基地安全应急产业特色，发挥龙头企业示范引领作用，努力把示范基地建设成为引领产业发展、促进科技创新、带动产业链优化升级、促进业态培育、支持区域应急支持的示范平台。

二　优化安全应急产业空间布局

（一）以国家级产业园区为突破

唐山市和张家口市的两个国家级安全应急产业园区是河北省优化产业空间布局的重点突破口。唐山市应依托产业优势重点打造安全应急装备产业，包括智能救援装备、监测预警装备、工程抢险装备、应急防护装备、工程消能减震装备五大产业。张家口市应重点打造体验示范基地，包括安全应急文化传播、科技成果转化与企业孵化、安全应急技术创新平台等方向。

（二）以多层次的省级市级园区为基础

打造多层次的省级市级安全应急产业园区，并以园区为依托，重点打造具有区域特色的产业链条，推动园区产业上规模、提质量。园区基地体系见表10-1。

表10-1　　区域安全应急产业园区基地体系

区域	基地类型	产业细分
石家庄	应急通信和医药防护安全应急	新型应急指挥通信装备 突发公共卫生事件专用药品 医用防护 救援等产品
秦皇岛	智能消防与医疗救助	医疗器械 消防安全 工程抢险救援装备
保定	新能源应急和医用防护	新能源与智能电网 医用防护和健康
邯郸	安防安全应急	核电站安全风险防控装备 信息安全装备 应急能源装备 危险气体防灾减灾装备 防护产品及其关键原辅料
邢台	应急装备	特种消防车辆 高端智能特种装备 多种气体探测机器人
廊坊	防灾减灾服务	智能机器人 呼吸机 医疗服务 应急教育培训

（三）*以雄安新区为龙头*

（1）建立雄安数字化、智能化高端安全应急产业研发中心。建设高端安全应急产业就必须要重视研发，通过建立多层次的产业研发中心，培育和发展产业研发功能。首先是强化已有安全应急产业企业创新的主体地位，鼓励有条件的企业设立研发机构，引导企业向价值链较高的方向转移；其次是吸引河北省和国内其他地区的安全应急产业企业在雄安新区设立研发中心，建设研发总部；最后是建立产业层面的研发中心，针对产业发展中的共性问题进行研发和突破。

（2）在雄安新区周边根据企业诉求建立实验、示范和生产基地。

通过积极吸纳整合项目、资金、人才、技术等各类要素资源，在雄安新区周边建设实验、示范和生产基地，实现高端安全应急产业新产品、新技术、新模式、新装备的技术要素集成、创新孵化和成果熟化。通过基地先行先试一批适用性广、推广价值高的先进技术模式，推动形成可推广、可示范的生产模式，解决产业发展瓶颈问题，满足产业发展技术服务需求。

（3）建立雄安数字化、智能化高端安全应急产业企业集聚区。充分发挥雄安新区智力优势和品牌效应，建立雄安数字化、智能化高端安全应急产业企业集聚区，大力引进龙头企业，促使集聚区形成纵向上下游、横向配套的产业链条，并从系统的角度打造集聚区公共服务平台，关注企业需求，从金融、研发、咨询以及生活等方面整合企业需求资源，提升集聚区整体发展水平。

三　抢先布局高端安全应急产业

（一）充分发挥河北省创新资源优势布局高端安全应急产业

抢先充分利用河北省高校资源和中电科 54 所、13 所与中船 718 所等央企驻冀创新资源，发展高端安全应急产业。

（1）充分发挥河北工业大学、燕山大学、河北科技大学、华北理工大学等工科高校的各自学科优势，积极推动高校、研发机构与安全应急产业基地、企业合作，加大资金投入建设产教学研一体化的安全科技协同创新中心。

（2）充分挖掘和利用中电科 54 所、13 所，中船重工 718 所等驻冀央企的科技创新资源，积极对接基地和企业，促进创新链和产业链的有效衔接，积极推动科技成果转化。

（3）鼓励和支持高校、科研院所和企业共建科技支撑平台和安全生产重点实验室，对矿山、冶金、化工等重点行业开展安全关键技术攻关和集成创新应用示范。科研立项向重点行业的安全应急领域倾斜。

（二）推进安全应急产业向数字化、智能化融合发展

（1）鼓励和扶持一批与安全应急关系紧密的信息科技领域“小巨人”企业，建设一批数字化车间，开发一批智能装备和智能产品。

（2）瞄准安全应急特定领域或场景，推选一批示范企业、示范园区、示范基地，通过信息技术赋能，形成在交通、医疗健康、城市管理、环境治理、应急救援等领域的安全应急数字化、智能化融合应用案例，打造安全应急示范应用场景，形成在全省推广的产品和经验。

（3）充分利用军工企业的领先技术优势，推动军民融合发展。

（三）在产业细分领域内持续发力和重点突破

（1）面向河北省重点区域的数字化、智能化灾害监测与预警系统。针对灾害事故的监测环节。围绕卫星、无人机、定点灾害监测设备等方向布局产业，卫星方面布局包括卫星的总体论证、设计、仿真测试及试验的上游产业，卫星试样的设计、制造及生产的中游产业，卫星通信、卫星导航及卫星遥感等方面的下游产业。无人机方面布局包括工业无人机制造、传感器和数据存储三个产业环节。重点突破被海外巨头垄断的传感器和数据存储服务领域。定点灾害监测设备方面布局数据采集设备、传输设备及监测分析预警平台等设备或系统布局产业。

（2）面向各级政府的数字化、智能化安全应急管理和指挥系统。围绕政府等各类组织在灾害应对中对应急资源的组织、协调和管理控制，突发事件预警、防范、化解和善后的全程管理等需求，重点布局基于大数据分析的智能化、模块化安全应急管理和指挥软硬件系统的设计研发产业。

（3）面向各类企业的安全监测预警及灾害处理系统。重点布局企业应对各类安全事故的智能化安全监测预警设备、危化垃圾的智能存储与处理设备、消防机器人等灾害处理与救援设备产业。

（4）面向全社会的抢险救灾智能化指挥系统和机器设备。重点布局智能化指挥调度平台、智能搜救设备、智能伤员抢救设备、转运设备等产业，重点突出收集设备的无人化、智能化等方向。

（5）面向个人的数字化、智能化安全保护与救援的穿戴设备。重点布局各类用途的智能化防护服、防护头盔、防护装备和逃生工具，用于卫星定位、呼救联络的手持设备等产业。重点研发个人数字化、智能化设备的数据采集、处理、信息传递等技术及在整套设备上的功能整合。

四　提升安全应急产业创新能力

加大对安全应急产业创新能力的支持力度。推动将安全应急产业基础研发、关键设备研发、技术改进等内容列入省科技计划项目专题方向。加大对取得重要创新成果的个人和企业的奖励。鼓励河北省高校设立应急管理、应急技术与管理、安全工程相关本科专业，申请相应硕博士授权点。鼓励高校、研究机构和企业进行产学研合作，推动产学研融合协同发展。

成立新型研发机构，提升产业创新能力，促进创新链和产业链的紧密衔接。建议依托在河北省的国家级科研团队和河北科技大学，组建河北省安全应急产业研究院。一是以研究院为平台，联合产业联盟、园区、基地和企业等主体，按照新型研发机构模式进行运作，突破阻碍科技成果产业化的体制机制障碍，推动河北省高校及13所、中电科54所、718所等驻冀央企应急领域相关的科技成果转化和产业化，加快实现安全应急产业的创新生态。二是以研究院为平台开展军民融合技术创新合作和成果转化，同时加大与京津冀协同创新转化力度，加大与国内发达地区、国外先进技术领域的合作，实现安全应急产业创新链和产业链衔接。河北省有关部门对于安全应急产业研究院的人才、项目等，给予政策倾斜。

五　推动安全应急产业转型升级

（一）打造龙头企业

集中力量、瞄准方向，重点培育扶植一批国内领先、市场前景好的拳头产品和龙头企业。河北省有一批技术领先、市场前景广阔的优秀产品和优秀企业，如唐山的中信重工开诚消防机器人、石家庄的中电科54所应急通信、远东通信、秦皇岛的傲森尔装具、邢台的润泰救援车辆、富晶特玻防火玻璃等，在安全应急产业领域已经形成了国内先进，甚至领先的优势。建议尽快出台成套支持政策，在政府采购、市场推广、金融、税收、用地、人才、科研立项、科研奖励等方面，全力向优秀企业、优秀产品倾斜，并引导企业通过多种方式补链强链扩链，迅速做大做强。条件成熟时，可由规模实力强大的央企领军，在河北省组建产学研一体、全产业链的混合所有制安全应急产业集团。

（二）推进安全应急产业融合发展

（1）加快安全应急产业和数字经济融合发展。推动安全应急产业数字化，促进数字经济中的各项技术，如“大智移云”，即大数据、人工智能、移动互联网和云计算等技术和安全应急产业深度融合，推广“互联网+安全应急产业”模式应用，运用数字技术推动安全应急产业转型升级。

（2）促进安全应急产业内部以及和其他产业间的融合发展。安全应急产业本身存在多行业交叉、多技术融合的特点，同时安全应急产业与其他产业间广泛存在产品和服务的交流，企业和企业间、产业和产业间互有需求，因此应当以需求为牵引着力提升产业间的协作程度。

六　挖掘和培育市场需求

挖掘和培育市场需求，构建政府、企业、社会三大主体相结合的储备体系。

（1）对于一些专用性强、公共品属性的装备物资，建立政府和企业相结合的完备的应急物资储备体系和更新机制，政府制定储备原则、储备规划、补充和更新规划，做到应储尽储、水平先进。也可由经评估优选出来的优秀企业储备，政府通过租赁方式、补贴方式或其他金融方式相结合做好产能储备。

（2）对于企业、个人使用的应急物资（如应急包），学习日本等发达国家经验，加快推行“五进”行动，可采取政府、企业及家庭三者相结合的储备模式。

（3）对于一些政府建设投入和运营维护成本高的装备、设施和服务，像应急通信服务、安全应急综合管理服务平台、紧急车辆救援等产品或服务，可由像远东通信、中电科 54 所、润泰救援等有能力的优秀企业进行建设，政府通过用地政策、融资租赁、产能补贴等多种模式给予支持，需要时购买应急服务，实现平战结合。这种方式对企业是一种市场扶植，对政府而言，可节约投资、减轻财政资金压力。

七　加大安全应急产业开放合作

开放交流是产业发展的重要驱动力。河北省发展安全应急产业必须加大与国际、国内先进地区的交流合作，“走出去、引进来”，借助外部先进的技术、理念与标准提升河北省安全应急产业发展水平，扩大产业影响力和知名度。

（1）强化国际合作。加强和国际安全应急产业先进国家，如美国、德国、英国和日本等发达国家的合作交流，重点引进发达国家先进技术、高端产品，借鉴先进经营管理理念，借鉴高标准服务理念，提升产业竞争力。同时支持河北省企业积极“走出去”，面向国际市场需求扩大出口份额，支持优势企业参与海外应急救援处置，利用国外安全应急产品展览、交流等平台推介河北省安全应急产品和服务。

（2）推进京津冀安全应急产业合作。推动产业基地和优势企业积极对接京津创新资源，建立创新联盟，积极对接京津的高端创新资源，承接产业转移，构建“京津研发+河北制造”的安全应急产业跨区域协同发展体系，鼓励河北省有条件的企业在京津创新资源密集区域建立“创新飞地”，实现京津创新资源、创新成果的“带土移植”。

（3）打造好安全应急产业展示交流平台。办好中国·唐山国际应急管理大会，同时创办更多的安全应急产业、产品展洽以及学术交流平台，为安全应急产业发展提供更多的交流展示平台。

第二节　河北省安全应急产业高质量发展对策与建议

一　制定专门针对促进安全应急产业发展的配套政策

安全应急产业属性与其他产业有明显区别，建议制定专门的配套支持政策。

第一，市场支持政策。以政府文件形式固定下来，明确对河北省优秀企业产品和服务的政府采购比例，对于危险化工、矿业、大型场馆及其他单位刚需或行政约束必配的安全应急产品及设施，优先采购本省优秀企业的产品和服务，既能促进企业的资本积累，加快技术迭代和革新，又能对外提高企业的公信力。

第二，金融支持政策。一是设立安全应急产业引导基金，可由政府财政、产业协会（如中国产业协会）、产业联盟、企业（如中电科安全科技）等牵头设立，社会资本跟进，由专业基金管理公司进行市场化运作，为重点项目和企业科技创新提供必要的资金保障。二是在全省安全应急产业示范基地、园区，推广邢台开发区经验做法，组织和协调银行等金融机构对安全应急产业企业按一定标准进行授信和实施差异化利率，为企业发展提供资金保障。

第三，人才支持政策。对河北省优秀企业，在其人才培养和人才引进方面给予特殊支持，针对安全应急产业的企业可适当下调人才认定标准，对引进的国内外高级人才和团队在住房、就医、子女入学方面加大支持力度，以帮助企业引进和留住人才。

第四，土地支持政策。针对某些需要合理布局和精准衔接的企业和项目，如应急通信保障服务、应急综合服务平台等，给予政策优先满足用地需求。

第五，其他支持政策。针对河北省优势特色安全应急产业企业，在税收、科研立项、资质认定、推荐目录、奖励政策方面给予倾斜。

二 完善制度体系，优化营商环境

在制度体系建设方面。一是认真贯彻落实已有的各项制度措施。二是建立多部门分工协作、上下联动的工作推进机制，要确保发挥实效。建议成立由工业和信息化部门牵头，发展改革、科技、公安、住房和城乡建设等各部门协同推进的工作机制，每个季度召开一次联席会议，各部门汇报工作情况、合作诉求，部署下阶段工作任务。三是充分重视企业联盟、行业协会的沟通桥梁作用，推进安全生产社会化服务，支持社会化服务机构发展。

在优化营商环境方面，政策上明显突出向安全应急产业倾斜，支持鼓励两个国家级示范基地进行政策创新。一是各级领导干部上下形成统一认识，提高服务企业的主动性和自觉性。二是端正服务态度，真心服务，变“等上门”为“走上门”服务，“不说不能办，多讲怎么办”，倡导“共同办”。开展服务试点建设，探索服务标准，总结示范推广。三是将企业对政府服务评价纳入干部考评体系，建立严格的奖惩机制，对受到企业投诉的人员进行严肃处理。

三　进一步完善安全应急产业发展所需的功能要素

一体化推进安全应急产业全面发展。大力加强安全应急文化建设、安全学科建设和人才培养、安全培训，助推产业发展。在安全应急文化建设方面，要求省市县三级领导干部定任务、做宣讲，制定安全宣传“五进”实施方案，推进示范标准；充分利用主流媒体和新媒体，创新内容形式，精准传播安全应急科普知识，建设安全科普基地、体验场馆；统筹协调，构建上下联动、部门协调、全社会参与的大应急文化建设工作机制。在学科建设与人才培养方面，鼓励和支持河北省高校开设安全工程、应急管理学科专业，财政投入给予倾斜；支持青年科技人才开展创新研究，在省科技计划项目中，向安全应急领域倾斜，提高青年项目比重。在安全培训方面，研究制定“全省安全生产管理干部培训实施方案”，建议对全省县级以上应急管理部门领导干部、安全生产管理普通干部、新入职危化品监管人员和行政执法人员进行专业知识和实务培训，提高履职能力和防范化解重大安全风险能力。

四　建立安全应急产业交流展示机制

（一）建立部门间和行业间的安全应急产业协调机制

建立部门间协调机制，围绕安全应急产业供需和市场推广，加强供给部门与用户部门间的协调推进机制，加速安全应急产品和服务推广应用。建立行业间协调推进机制，安全应急产业与原材料、装备、消费品、电子、信息等行业紧密合作，共同梳理各相关行业领域安全应急产品，协同组织技术创新、应用试点示范、产业基地创建等工作，合力推进产业发展。

（二）建立科技创新成果转化的信息沟通体系

鼓励各地打破空间约束，充分利用互联网技术，建立以技术信息资源共享为基础的信息沟通体系和技术信息服务平台，提高科技创新成果转化率，推动安全应急产业的发展。

（三）构建安全应急产业管理信息系统

已有物资储备体系的多头管理问题严重制约应急资源的获取和整合。因此，需完善包含安全应急产品与服务的生产能力和储备的动态信息、应急资源等信息的基础数据库，建立功能强大的安全应急产业管理信息系统，及时把控调度应急资源，提高响应的敏捷性和应急管理效率。

五　提升社会安全应急意识

建立安全应急产业、文化、教育、培训一体化建设，推进全省安全应急产业全面发展。在应急文化建设上，地方和单位要重视应急管理工作，加大知识普及范围、深度和力度，提高全民安全意识，建成部门联动、社会广泛参与的应急文化建设工作机制。在学科建设和人才培养方面，注重加强安全科学与工程学科建设，加快复合型应急人才的培养。

六　提升安全应急产业基地建设水平

在全省范围分区域分层次合理布局安全应急产业基地。利用先发展起来地区的积极性，组织开展产业示范基地创建，引导促进企业集聚发展，形成辐射带动作用，锻造上下游企业间协同发展的产业链，提升安全应急装备供给能力。鼓励各地按照实际发展需求通过延链补链强链等方式完善安全应急产业链条，构建具有区域特色的产业园区和产业基地。

进一步落实《河北省安全应急产业发展规划（2020—2025）》提出的“依托唐山、张家口、保定、石家庄、邢台、秦皇岛、廊坊、邯郸等市高新技术开发区和经济技术园区发展特色应急装备和服务基地”的任务目标，加快提升基地建设水平。

一是指导基地或与基地共同举办展会，积极组织本省重点企业参加全国性博览会，扩大基地和企业影响，促进产业集聚。依托京津冀协同发展机制，积极筹办首届京津冀安全应急产业博览会。

二是推荐相关企业到基地合作发展，引导京津冀相关研发机构、高等院校、先进企业的技术成果与基地园区企业对接，实施集成创新，并在全省推广应用。

三是支持两个国家级安全应急产业示范基地在产业发展创新政策上先行先试，如先进技术、设备、服务的本地试用，以及安全投入的激励约束、试点责任险、资质认定等，并在6个省级安全应急产业基地和20个特色产业集群推广。

第三节　本章小结

本章根据前文关于河北省安全应急产业发展现状以及机遇与挑战的分析，提出了河北省安全应急产业高质量发展路径，主要包括以下几点：一是标准先行，精准施策；二是优化安全应急产业空间布局；三是抢先布局高端安全应急产业；四是提升安全应急产业创新能力；五是推动安全应急产业转型升级；六是挖掘和培育市场需求以及加大安全应急产业开放合作。

最后，根据发展路径，总结出河北省安全应急产业高质量发展的对策建议：一是制定专门针对促进安全应急产业发展的配套政策；二是完善制度体系，优化营商环境；三是进一步完善安全应急产业发展所需的功能要素；四是建立安全应急产业交流展示机制；五是提升社会安全应急意识；六是提升安全应急产业基地建设水平。

参考文献

一 中文文献

常丹等:《超大城市社会安全类突发事件情景演化及仿真研究——以北京市为例》,《北京交通大学学报》(社会科学版) 2020年第1期。

程嘉浩等:《体医融合视角下我国体育产业发展模式探索——基于扎根理论》,《体育科技文献通报》2022年第2期。

程宇、肖文涛:《应急产业技术创新的金融服务需求及政策建议》,《中国行政管理》2016年第8期。

程跃:《协同创新网络成员关系对企业协同创新绩效的影响——以生物制药产业为例》,《技术经济》2017年第7期。

范文:《国外扶持公共安全产业的政策实践与启示》,《安徽科技》2012年第11期。

方铭勇:《基于钻石模型的安徽应急产业发展研究》,《宿州学院学报》2013年第3期。

方炜、张明状:《核电产业军民融合发展核心范畴与机理探究》,《北京航空航天大学学报》(社会科学版) 2023年第5期。

付晨玉、杨艳琳:《中国工业化进程中的产业发展质量测度与评价》,《数量经济技术经济研究》2020年第37期。

郝大伟等:《基于政策工具视角下的中国体育产业政策分析》,《武汉体育学院学报》2014年第9期。

金永花:《我国安全应急产业的现状、前景、问题与对策》,《中国应急管理科学》2021年第12期。

李从东等:《基于网络演化博弈的互动创新社区用户知识共享行

为影响因素研究》,《现代情报》2021 年第 4 期。

李林等:《政策工具视角下中国冰雪产业政策文本特征分析》,《吉林体育学院学报》2018 年第 4 期。

李燕凌、丁莹:《网络舆情公共危机治理中社会信任修复研究——基于动物疫情危机演化博弈的实证分析》,《公共管理学报》2017 年第 4 期。

李忠宽:《技术创新——经济发展的关键》,《科技管理研究》1989 年第 2 期。

梁雁茹、刘亦晴:《COVID-19 疫情下医疗防护用品市场监管演化博弈与稳定性分析》,《中国管理科学》2020 年第 10 期。

刘艺、李从东:《应急产业管理体系构建与完善:国际经验及启示》,《产业经济》2012 年第 6 期。

刘奕等:《面向 2035 年的灾害事故智慧应急科技发展战略研究》,《中国工程科学》2021 年第 4 期。

刘钊、李洺:《我国应急产业发展的现状、问题与建议》,《行政管理改革》2012 年第 3 期。

马颖等:《我国应急产业发展的技术支撑能力评价研究》,《科研管理》2018 年第 3 期。

马永红等:《新进企业合作伙伴搜寻模式、网络结构与创新扩散效率》,《系统管理学报》2016 年第 6 期。

祁凯、杨志:《突发危机事件网络舆情治理的多情景演化博弈分析》,《中国管理科学》2020 年第 3 期。

闪淳昌:《大力发展应急产业》,《中国应急管理》2011 年第 3 期。

佘廉、郭翔:《从汶川地震救援看我国应急救援产业化发展》,《华中科技大学学报》(社会科学版)2008 年第 4 期。

申霞:《应急产业发展的制约因素与突破途径》,《北京行政学院学报》2012 年第 3 期。

盛朝迅等:《构建完善的现代海洋产业体系的思路和对策研究》,《经济纵横》2021 年第 4 期。

唐林霞、邹积亮:《应急产业发展的动力机制及政策激励分析》,

《中国行政管理》2010 年第 3 期。

王建光：《我国应急产业发展动力机制模型研究》，《中国安全生产科学技术》2015 年第 3 期。

王郅强、申婷：《产业政策对应急产业发展是否有效——基于 QFD 工具对广东省的评价与分析》，《长白学刊》2019 年第 4 期。

尉肖帅等：《应急产业创新创业环境优化策略研究》，《中国安全科学学报》2022 年第 32 期。

魏洁云等：《可持续供应链协同绿色产品创新研究》，《技术经济与管理研究》2020 年第 8 期。

吴斌等：《基于扎根理论的铸造产业发展路径研究》，《上海管理科学》2015 年第 6 期。

吴画斌等：《创新引领下企业核心能力的培育与提高——基于海尔集团的纵向案例分析》，《南开管理评论》2019 年第 5 期。

吴晓波：《全球化制造与二次创新：赢得后发优势》，机械工业出版社 2006 年版。

徐玖平、廖志高：《技术创新扩散速度模型》，《管理学报》2004 年第 3 期。

徐泽水：《区间直觉模糊信息的集成方法及其在决策中的应用》，《控制与决策》2007 年第 2 期。

杨彬：《应急产业研究》，中国工人出版社 2020 年版。

杨剑：《基于解释结构模型的应急产业科技支撑体系》，《河池学院学报》2020 年第 1 期。

叶先宝、蔡秋蓉：《基于 SWOT-AHP 的应急产业发展战略探析》，《发展研究》2018 年第 10 期。

尤欣赏、陈通：《区间直觉模糊环境下公共文化设施建设方案选择研究》，《系统科学与数学》2017 年第 6 期。

余婷：《基于产业集群的技术创新及扩散系统分析》，硕士学位论文，华中科技大学，2007 年。

[美] 约瑟夫·熊彼特：《经济发展理论》，华夏出版社 2015 年版。

张海波：《中国第四代应急管理体系：逻辑与框架》，《中国行政管理》2022 年第 4 期。

张辉等:《全球性公共卫生危机治理:趋势与重点》,《管理科学学报》2021 年第 8 期。

张敏等:《冰雪装备器材产业科技创新的动力机制研究——基于扎根理论的分析》,《企业经济》2022 年第 8 期。

郑胜利:《我国应急产业发展现状与展望》,《当代中国史研究》2011 年第 1 期。

郑胜利:《我国应急产业发展现状与展望》,《经济研究参考》2010 年第 28 期。

钟宗炬等:《产业政策如何驱动中国应急产业发展——基于应急产业政策的文本分析》,《北京行政学院学报》2019 年第 3 期。

二　英文文献

Adida, E., DeLaurentis, P. C., Lawley, M. A., "Hospital Stockpiling for Disaster Planning", *IEEE Transactions*, 2011, 43 (5): 348-362.

Carlos Martí Sempere, "The European Security Industry: A Research Agenda", *Defence & Peace Economics*, 2010, 22: 245-264.

Coskun, A., Elmaghraby, W., Karaman, M. M., et al., "Relief Aid Stocking Decisions under Bilateral Agency Cooperation", *Socio-Economic Planning Sciences*, 2019, 67: 147-165.

Du, L. Y., Qian, L., "The Government's Mobilization Strategy Following a Disaster in the Chinese Context: An Evolutionary Game Theory Analysis", *Natural Hazards*, 2016, 80 (3): 1411-1424.

Fan, Y., Yang, S., Jia, P., "Preferential Tax Policies: An Invisible Hand behind Preparedness for Public Health Emergencies", *International Journal of Health Policy and Management*, 2022, 11 (5): 547-55.

Fang Man, Yang Hongyan, "Developments in Emergency Industry and Industrialization in China", *Procedia Engineering*, 2012 (43): 379-386.

Fisher, R. A., *The Genetic Theory of Natural Selection*, Oxford: Clarendon Press, 1930.

Friedman, D., "Evolutionary Games in Economics", *Econometrica*, 1991, 59 (3): 637-666.

Fudenberg, D., Tirole, J., *Game Theory*, Cambridge: The MIT Press, 1991.

Heetun, S., Phillip, F., Park, S., "Post - disaster Cooperation among Aid Agencies", *Systems Research and Behavioral Science*, 2018, 35 (3): 233-247.

Huimin, L. I., Yuanyuan, K. E., "Security Industry in the Era of Big Data", *Modern Science & Technology of Telecommunications*, 2014, 2: 147-160.

Irimescu, E. C., "Business Development Challenges for Security Industry—The Classical Market and the New Technology Market", International Conference on Marketing and Business Development Journal, The Bucharest University of Economic Studies, 2015, 1: 288-294.

Fei, L., Wang, Y., "Demand Prediction of Emergency Materials Using Case-based Reasoning Extended by the Dempster-Shafer Theory", *Socio-Economic Planning Sciences*, 2022, 84.

Montanari, A., Saberi, A., "The Spread of Innovations in Social Networks", *Proceedings of the National Academy of Sciences*, 2010, 107 (47): 20196-20201.

Nalebuff, B. J., Brandenburger, A. M., "Coopetition: Competitive and Cooperative Business Strategies for the Digital Economy", *Strategy & Leadership*, 1997, 25 (6): 28-33.

Qiu, Y., Shi, M., Zhao, X. N., Jing, Y. P., "System Dynamics Mechanism of Crossregional Collaborative Dispatch of Emergency Supplies Based on Multi-agent Game", *Complex & Intelligent Systems*, 2021, 2: 1-12.

Smith, J. M., Price, G. R., "The Logic of Animal Conflict", *Nature* 1973, 246 (5427): 15-18.

Taylor, P. D., Jonker, L. B., "Evolutionary Stable Strategies and

Game Dynamics", *Mathematical Biosciences*, 1978, 40 (1-2): 145-156.

Yang, D., Jiang, M., Chen, Z, Nie, P., "Analysis on One-off Subsidy for Renewable Energy Projects Based on Time Value of Money", *Journal of Renewable and Sustainable Energy*, 2019, 11 (2).

You, M., Li, S., Li, D., et al., "Evolutionary Game Analysis of Coalmine Enterprise internal Safety Inspection System in China based on System Dynamics", *Resources Policy*, 2020, 67.

Zhang, N., Yang, Y., Wang, X., "Game Analysis on the Evolution of Decision-Making of Vaccine Manufacturing Enterprises under the Government Regulation Model", *Vaccines*, 2020, 8: 267.

Wang, Z., Kevin, W. L., Wang, W., "An Approach to Multiattribute Decision Making with Interval-valued Intuitionistic Fuzzy Assessments and Incomplete Weights", *Information Sciences*, 2009, 179 (17): 3026-3040.

后　记

本书为河北省省级科技计划软科学研究专项项目“基于产业链和创新链协同融合的河北省应急产业高质量发展研究”（22557616D）和河北省哲学社会科学工作办公室重点培育智库课题（HB21ZK17）等项目的研究成果，本书的出版同时得到了河北省教育厅人文社会科学重点研究基地河北科技大学应急管理研究中心、河北省科协智库科技创新与区域发展研究基地的支持。

本书是河北科技大学应急管理研究中心研究团队集体智慧的结晶，团队积极开展关于安全应急产业的研究工作，取得了丰硕的成果和较大的社会影响力。研究报告《关于我省应急产业发展的现状、问题和建议》《关于在雄安发展数字化、智能化高端安全应急产业的建议》《学习江苏经验，推动我省安全应急产业高质量发展的几点建议》先后获得省领导批示，获批河北省省级科技计划软科学研究专项项目“基于产业链和创新链协同融合的河北省应急产业高质量发展研究”（22557616D），发表《基于扎根理论的安全应急产业发展影响因素研究》等研究论文，团队人员和研究成果支撑学校成功获批应急管理本科专业，团队成员先后在青岛、合肥、北京等地召开的应急管理学术会议上作专题报告。

团队将在安全应急产业研究领域进行更深入的探索和研究，期望能够取得更高水平创新成果，为推动我国安全应急产业发展贡献绵薄力量。